和谐领导力系列·自我与自我的和谐

阳光心态

吴维库 著

·第4版·

图书在版编目（CIP）数据

阳光心态 / 吴维库著. — 4 版. —北京：机械工业出版社，2019.1（2025.1 重印）
（和谐领导力系列）

ISBN 978-7-111-61591-0

I. 阳⋯　II. 吴⋯　III. 成功心理 - 通俗读物　IV. B848.4-49

中国版本图书馆 CIP 数据核字（2018）第 276849 号

　　阳光心态是积极、知足、感恩、达观的一种心智模式。作者应用现实生活中的大量案例，与读者分享了有关阳光心态的一些主要思想：事情是中性的、操之在我、重在过程、活在当下、向下比较、砖块理论、谷底原理、创造环境、情感独立和情商树等。具备阳光心态可以使人深刻而不浮躁，谦和而不张扬，自信而又亲和，帮助读者缔造自我内心和谐、家庭和谐以及团队和谐。

阳光心态（第 4 版）

出版发行：机械工业出版社（北京市西城区百万庄大街 22 号　邮政编码：100037）
责任编辑：王　戬
责任校对：李秋荣
印　　刷：涿州市京南印刷厂印刷
版　　次：2025 年 1 月第 4 版第 11 次印刷
开　　本：147mm×210mm　1/32
印　　张：10.375
书　　号：ISBN 978-7-111-61591-0
定　　价：45.00 元

客服电话：(010) 88361066　68326294

版权所有·侵权必究
封底无防伪标均为盗版

阳光格言

《感恩之心》

- 我感恩祖上的大德,使我生在中国这块神圣的土地上。
- 我感恩祖宗积德行善,所以才有我家族的薪火相传。
- 我感恩父母含辛茹苦,给了我生命,给了我一个家,也把这个世界给了我。
- 我感恩父亲,父亲为我撑起蓝天。
- 我感恩母亲,母亲把大地变成我的摇篮。
- 我感恩爷爷和奶奶,他们养育了我的爸爸。
- 我感恩姥爷和姥姥,他们养育了我的妈妈。
- 我感恩配偶,让我有了自己的小家。
- 我感恩孩子,孩子让我的生命有了延续,也让我有了天伦之乐。
- 我感恩兄弟姐妹,让我童年有伴,人生有手足照应。
- 我感恩朋友,朋友让我不孤单,生活不寂寞。
- 我感恩同学,一起求学认识这个世界。

- 我感恩同事，同事与我一起撑起这个组织，才有生活的保障。
- 我感恩单位的领导，他们呕心沥血保证了组织的存在。
- 我感恩教过我的老师，老师开启了我认识世界的大门。
- 我感恩医生，他们让我有病不再恐惧。
- 我感恩路边的乞丐，他们唤醒了我的慈悲之心。
- 我感恩帮助过我的所有人，滴水之恩铭记在心。
- 我感恩好人，他传播了善。
- 我感恩坏人，他让我知道了不善。
- 我感恩坑我的人，他让我学会了警惕。
- 我感恩伟人，他让我有了学习的榜样。
- 我感恩圣人，圣人指出了人类前进的康庄大道。
- 我感恩贤人，贤人把圣人的思想发扬光大。
- 我感恩小人，让我知道不是所有人都可以是朋友。
- 我感恩忠臣，让国家意志得到彻底的贯彻。
- 我感恩奸臣，奸臣凸显出忠臣的可贵。
- 我感恩妖魔，因为妖魔增强了我的定力。
- 我感恩痛苦，因为痛苦磨炼了我的意志。
- 我感恩疾病，因为疾病让我知道因果不虚。
- 我感恩烦恼，因为烦恼让我产生智慧。
- 我感恩对手，因为对手让我自强不息。

- 我感恩过错，因为过错让我知道正确。
- 我感恩困难，因为困难让我多想办法。
- 我感恩太阳系，太阳系给了我生命的能量。
- 我感恩外星系，外星系给了我无限的想象。
- 我感恩地球，地球是我们所有人共同的家园。
- 我感恩月亮，月亮有圆有缺让我在夜晚有清凉的照耀。
- 我感恩大地，大地把我稳稳地托起。
- 我感恩高山，高山告诉我要永远进取。
- 我感恩江河，江河为我提供了生命之水。
- 我感恩空气，空气让我的生命得以持续。
- 我感恩动物，动物和我一起使得地球充满活力。
- 我感恩飞禽，飞禽让这个世界更加绚丽。
- 我感恩植物，植物给我丰富的食物。
- 我感恩花草，花草让大地穿上彩衣。
- 我感恩微生物，在肉眼看不见的世界里为我服务。
- 我感恩一切芸芸众生、万事万物。
- 我感恩中华民族的祖先，开创了中华民族的先河。
- 我感恩人类的祖先，开创了人类的起源。
- 我感恩宇宙，没有宇宙就没有地球，也就没有我。
- 我感恩中国共产党，没有共产党就没有新中国。

- 我感恩国家的领导人，辛苦维护了国家的安全和尊严。
- 天有三宝日月星，
- 地有三宝水火风，
- 人有三宝精气神，
- 家有三宝爹妈孩。
- 我为三而感恩，因为三生万物。
- 我要珍惜生命所能给我的一切，
- 我心中怀有无限的感恩之心，
- 善待世间的万事万物，
- 做一个符合圣人思想的好人。
- 生活因为热爱而丰富多彩，
- 生命因为信心而瑰丽明快。
- 激情创造未来，心态营造今天。
- 心中有阳光，脚下有力量。
- **带着阳光心态！**
- **缔造阳光生活！**
- **走向阳光未来！**

目 录

总序　和谐领导力

推荐序

第 4 版序言

塑造阳光心态的原因

心态营造今天 / 2

心态的力量 / 5

心态决定命运 / 7

心态影响身心与事业健康 / 9

环境的变化 / 14

生命的本质是趋利避害 / 17

阳光心态促进健康 / 21

塑造阳光心态的工具

第一个工具　改变态度

当一个人改变对事物的看法时,事物和其他人对他来说也会发生改变。如果一个人把他的思想指向光明,就会很吃惊地发现,他的生活在变得光明。

中性理论 / 26
半山腰理论 / 27
山顶理论 / 27
是好是坏还不知道呢 / 29
向屎壳郎学习 / 33
"临在"自己身边 / 34
工作是游戏 / 35

第二个工具　享受过程

生命是一个过程而不是一个结果，如果你不会享受过程，结果最后会是什么大家都知道。享受过程，精彩每一天。

生命是什么 / 45

人生所有活动以喜剧开始，以悲剧结束 / 46

生命如同旅游 / 48

还给孩子快乐的童年 / 52

阳光心态产生正向的影响力 / 55

常回去给家人看看 / 56

孝分五个层次 / 58

小孩就是种子 / 59

叛逆符合牛顿定律 / 60

牵着蜗牛去散步 / 62

选择积极 / 64

静能通神 / 67

竹篮打水，享受过程 / 68

享受竞争 / 69

第三个工具　活在当下

活在当下的真正含义来自禅。有人问一位禅师,什么是活在当下?禅师回答:"吃饭就是吃饭,睡觉就是睡觉,这就叫活在当下。"

什么是活在当下 / 72

珍惜今日 / 78

以未来为导向活在当下 / 79

对自己的当前满意 / 82

情绪传染的蝴蝶效应 / 86

不能活在当下就会失去当下 / 87

把今天变成好日子 / 90

第四个工具　学会感恩

学会感恩可以提升一个人对当前的满意度。幸福是一种感受,如果我们没有学会感恩,就会忽视别人的付出,获取的幸福就会少很多。

感恩获得好心情 / 93

用心体验细节,就会充满快乐 / 95

提升心灵品级 / 97

心的引力 / 98

心如聚宝盆 / 99

第五个工具　向下比较

向下比较的目的是让心乐观,不是诅咒别人更差。不是幸灾乐祸,而是对自己的状态知足。

高处不胜寒 / 103

向下比较 / 103

抱怨不好是因为不知道还有更坏 / 105

随缘 / 106

第六个工具　心造幸福

什么是天堂?我把良好的心境定义成天堂,把糟糕的心境定义成地狱。良好心境中的人幸福感更强。

幸福是一种感觉 / 110

为小事高兴 / 112

优待身边的人 / 113

享受瞬间 / 113

增强积极的情绪 / 114

对选择投入 / 116

第七个工具　逆境商

即使再锐利的东西,如果轻易就断掉,用处也有限。人固然需要刀片般的锋利,可也需要柳条一样的柔韧。柔中带刚,刚中带柔,方里见圆,圆中显方,才会活得自由自在。

逆境商的概念 / 121

弯曲 / 122

砖块与罗汉理论 / 123

别把自己看太重 / 125

不认输 / 126

谷底原理 / 131

顶梁柱原理 / 133

器字原理 / 134

打桩原理 / 134

斜坡生命球体 / 135

雁群原理 / 136

第八个工具 创造环境

在一个充满鼓励的环境中获得阳光心态的可能性更大。把这个原理用在工作场所和团队建设中，也会缔造出群体阳光心态的环境。如果你的周围有人心态阳光，就请给他发光的空间。

缔造一个阳光心态的环境 / 138

以阳光心态消除草坪文化 / 140

能走多远取决于你与谁同行 / 142

支撑别人而增加魅力 / 144

在不尽如人意的环境中保持阳光心态 / 146

岗位轮换时心态的作用 / 150

营造小环境 / 153

第九个工具　情感独立

不要把自己的幸福建立在别人的行为上面,我们能把握的只有自己,否则将会产生恐惧。

依赖别人产生恐惧 / 157

不要期望过高 / 159

大爱无言 / 160

有分担压力的朋友 / 162

积极的心理暗示 / 166

今天的人是被瓜分的人 / 166

第十个工具　致人而不致于人

孙子说:"善战者,致人而不致于人。"要能够调动敌人而不被敌人调动,能够左右敌人而不被敌人左右,能够蒙蔽敌人而不被敌人蒙蔽。

操之在我 / 169

操之在我,赢得机会 / 172

反应过度反而失去自我 / 174

第十一个工具　提升情商

幸福的感觉同物质拥有程度没有直接的关系，关键在于心态。

情商的构成 / 180

发火与接火 / 182

亡羊补牢 / 184

有恃无恐 / 188

沟通路径上表现情商 / 189

移情与揣摩 / 191

换位要到位 / 195

情感自治 / 197

积极心态的自我暗示 / 201

第十二个工具　开悟

我把生命比作一团火,我向生命之火取暖,当火熄灭的时候,我就该走了。当你不再为这个世界付出的时候,就是你熄灭生命之火的时候,这就是开悟。

开悟者轻松 / 204

善于发现生活中的美 / 208

放下 / 210

积极投入 / 212

服务他人 / 213

第十三个工具　给心洗澡

阳光心态是给心洗澡的水,洗干净了,也会再被污染的。因此要经常洗。

阳光心态是洗心水 / 219

阳光心态是定根水 / 221

阳光心态是润滑油 / 222

阳光心态是胶水 / 223

阳光心态是解毒剂 / 223

阳光心态是沟通路径的清道夫 / 224

阳光心态是常态 / 224

阳光心态是心理资本 / 225

第十四个工具　人求三字：名、利、情

对物质层面的占有越重视（物质价值感越强），幸福感越低、生活满意度越低。结果就出现了这样的状况：物质丰富化，心灵沙漠化。所以人不应该只求名利部分，还要求第三个字：情。

阴阳平衡，五行协调 / 228

阳光心态三层次目标 / 229

像对待朋友一样对待家人 / 230

第十五个工具　治理的终极状态——自治

阳光心态是给心洗澡的水，如果自己意识到洗心的重要性，就会经常用阳光心态反思自己，不用别人监督。没有阳光心态，监督别人的人也会腐败。

接近圣人而成为剩人 / 234

擎天柱原理 / 235

阳光心态实现阳光工程 / 237

第十六个工具　读无字书

有字书是理论，无字书是实践。实践之树常青，而理论总是灰色的。理论的源泉是实践，理论的发展依据是实践，理论的检验标准也是实践。会读无字书的人，能够依据实践提出理论并且再指导实践。

读无字书 / 242

杯子取水 / 244

分段自信 / 245

学会简单 / 246

第十七个工具　快乐在路上

如果拥有阳光心态，带着好心情去争，去奋斗，把成功当作路径，那么就会快乐在路上。

路径通向目标 / 248

内在平衡 / 250

精彩的 U 形人生 / 252

圆满画圈 / 253

获得阳光心态

阳光心态的状态 / 258

阳光心态的一些概念讨论 / 265

阳光心态经验 / 267

"是好是坏还不知道呢"如何使用 / 268

重复养成习惯 / 269

阳光心态是船 / 270

阳光心态提升职场适应力 / 273

生命价值公式：1 与 0 / 278

半步差原理 / 280

花海原理 / 283

阳光心态与扛压 / 284

幸福就是可循环 / 289

附录 A 《亲情如水》歌词 / 294

附录 B 一个监狱囚犯的来信 / 295

参考文献 / 299

总序　和谐领导力

我从1996年开始研究领导学。在过去的研究过程中，受到了国家自然基金的支持，在2001年暑期参加了哈佛商学院的领导力培训班和香港科技大学恒隆管理研究中心组织行为研修班，观察和研究了大量的案例，我和我的研究团队发表了很多与领导力相关的论文。在这些研究的基础上，我为清华大学经济管理学院的MBA开设了领导力开发课程。后来，我把研究的结果整理成体系，叫作"和谐领导力"。

在国家提出建设和谐社会的大环境下，各界人士都在全力以赴于这个目标。"和谐领导力"这一概念是我提出的，并由此相继出版了四本书，分别来阐释这一概念中包含的四个层次的含义，可以理解为组成这一概念的四个模块。从领导力的角度来看，这四个模块分别为：

- 模块一：自己与自己和谐（详见《阳光心态》）；
- 模块二：自己与他人和谐（详见《情商与影响力》）；
- 模块三：个人与组织和谐（详见《以价值观为本》）；
- 模块四：组织与组织和谐（详见《竞争与博弈》）。

《阳光心态》是与环境相适应的积极心态，通过让人的心智模式调整为平和、温暖、有力、向上的状态，而实现自己与自己的和谐。

《情商与影响力》通过把情商与领导力理论结合，打造情商基础之上的领导力,把心智模式调整为移情、自信、开朗的状态,从而实现自己与他人的和谐。

《以价值观为本》通过让人的心智模式调整为清醒、认同、敬业,实现个人与组织的和谐。

《竞争与博弈》通过调整人的心智模式,达到动态、前瞻、全局的思维状态,获得双赢共赢的竞争结果,从而实现组织与组织的和谐。

当今,由于社会越来越趋于功利化,精神生活越来越贫乏。我把这个变化夸张地定义为:物质在丰富化、心灵在沙漠化。

这似乎应验了庄子的大智慧,"不是朝三暮四,就是朝四暮三",总计还是七个。难道物质丰富和精神富足真如同"鱼与熊掌不可兼得"?我们都努力在困惑中寻找着答案。

沙漠化的原因是缺水,如果有水就会让沙漠回归绿洲。霍元甲武功盖世,好与人争锋,遇到强者结果两败俱伤,双方都打得家破人亡。霍元甲出走到农村,盲女告诉霍元甲"人要经常给自己洗澡"。洗澡需要水,老子认为天人合一,这个世界缺水,人心也缺水,所以我们呼唤水,歌颂水,赞美水。

我把"和谐领导力"定义成水,可以用来滋润周围的环境而营造绿洲,也可以用来为自己的头脑洗澡而净化心灵。

人无论具有多少知识和财富,都应该为了获得健康、快乐、和谐。一个人要健康、快乐、和谐,他的家也要健康、快乐、和谐;家人加入组织,组织也要健康、快乐、和谐;组织在社会中,社会也要健康、快乐、和谐。由此形成健康、快乐、和谐的良性循环,实现的路径是从一个人入手。"和谐领导力"就是从改变一个人的心智模式入手,达到健康、快乐、和谐。

企业是一部机器，机器由零部件构成，零部件有相对运动才能够实现机器的功能。有相对运动就会有摩擦，有摩擦就会有磨损，防止摩擦损耗就要加入润滑油。"和谐领导力"可以作为润滑油而使得组织运转灵活。

过去有人说我们是一盘散沙，由于现在引入了竞争，还可能是一盘摩擦的散沙。如何把摩擦的散沙变成沙团？需要往里面加入胶水。"和谐领导力"可以作为胶水起到黏合的作用。

领导力分三个层次：个人领导力、团队领导力、组织领导力。个人领导力是自己领导自己的能力，要想领导别人先领导自己，这要用阳光心态来实现。你内心是一团火才能够释放出光和热，你内心是一块冰即使化了也还是零度，如果是个黑洞还会吞没光亮。自己牢牢站稳了，稳健地成为一个"人"，才会有魅力吸引另外一个人，因为领导者有情商，能照顾好团队的成员，所以会形成团队，用"从"来表示团队领导力。这个团队有动力、有愿景、有魅力，会吸引更多的人，组织就造成了，用"众"来描述，凝聚众多人用组织领导力，通过价值观来实现。如果三个人没有内在的领导力，每个人都不在自己位置上敬业和安居乐业，就是三个人并行，"人人人"，三个人并行成一个字，字典里没有这个字，就是乌合之众。所以有人的地方就需要有领导力来理顺人的行为和理念，这样才会有秩序。

《大学》倡导修身齐家治国平天下，《阳光心态》的思想类似于修身，《情商与影响力》的思想类似于齐家，《以价值观为本》的思想类似于治国，《竞争与博弈》的思想类似于平天下。所以"和谐领导力"的思想使得我们努力靠近修齐治平的境界。

"和谐领导力"的研究起始于1996年，本思想体系以我负责和参与的6个基金研究为基础而写成，我们能够享受"和谐领导力"这一思想盛宴，要感谢香港中文大学研究基金的资助（项目号 44M7007；2070239；2070220），更要感谢国家自然基金的大力支持：《以价值为本的领导理论与中国企业高层领导行为研究》（项目号 79970009，2000—2002 年），《改造型／交易型领导行为与下属激励：关于情绪智力的效用研究》（项目号 70572012，2006—2008），国家自然科学基金重点项目、雅砻江水电开发联合研究基金《水电企业流域化、集团化、科学化管理理论和方法研究》（项目批准号：50539130，2009—2011）、《辱虐管理的后果及其应对——一项多层次的研究》（项目号：70972025，2010-2012）、《复杂变化环境下企业组织管理整体系统及其学习变革的研究》（项目号：71421061，71121001）、国家社会科学基金重大项目《"互联网＋"促进制造业创新驱动发展及其政策研究》（批准号：17ZDA051）。

山涧一泓小溪静静流淌，如果你把脏了的手放进去，它会为你清洗。如果你把脏了的脚放进去，它也会为你洗干净。但是如果你不把手脚放进去，小溪也不会麻烦你。"和谐领导力"是水，是流淌在思维丛林理念山涧的水，如果你愿意把自己的心放进去，也会为自己的心洗个通通透透的大澡。让沉重与灰垢去除，让清新愉悦轻松回归，让健康快乐和谐陪伴。

人不但要洗脸、洗脚、洗澡，更要洗心。"和谐领导力"是洗心之水，其中《阳光心态》是热水，《情商与影响力》是温水，《以价值观为本》是冷水，《竞争与博弈》是冰水。四种水给人心洗澡，有利于一个人心明眼亮而看清路。脚走路要用眼睛看，人走路要用心看。由于心最容易被污染，所以心要常洗才能常新，才能保持"心常态"，如《大学》说的："苟日新，日日新，又日新。""和谐领导力"帮助我们以"心常态"应对新常态，保持在新常态下状态常新。

吴维库

推 荐 序

对许多德高望重的学者和教授来说,为人作序也许是件很轻松的事。介绍一下著作的主要特点,说几句勉励作者和读者的话,基本上就算大功告成了。

对我来说,作序却是一件并不容易的事,因为我自己的书很少请人作序,也从未替别人作过序。如果说替一般的书作序已经是一件难事,那么,为一个有广泛社会影响的专家和学者所著且其思想已广泛传播的书作序,那就是难上加难。

按我个人的理解,作者请人作序,总是希望借助作序者的影响来扩大著作的发行和影响,作序者自感有推荐后学的责任,而我却不然,更希望借助作者的书和影响将自己介绍给更多的读者。因此,尽管我不研究心理学,也不研究领导学,但还是欣然应作者之邀写下这一段文字。

之所以慨然应允为《阳光心态》作序,固然是因为作者是自己的同事和挚友,同时也因为我和作者有类似的经历和坎坷,也更加懂得"阳光心态"在一个人的成长过程中,尤其是身处逆境时的极端重要性;还因为自己深切感受到了作者在写作和讲授《阳光心态》过程中的所感所悟的确影响了他本人的所作所为。"阳光心态"既是作者心路历程的写照,同时也是很多人大彻大悟后的真切的感知和呼唤。

因为职业的原因自己也结识过很多认识和崇拜作者的读者,其中有年过半百的资深企业家,也有风华正茂的有识之士,有学历高的博士和硕士,也有学历较浅但是阅历丰富的经理人,但每当提到作者和他的"阳光心态",他们都会情不自禁地提到作者所讲的一个个简单但却寓意深刻的小故事以及其中的哲理,提到"阳光心态"对自己、家人和朋友的深刻影响,每当这时自己也会被他们的情绪所感染。尽管我知道一般读者的评价难免偏颇,但如果说近几年在领导学领域中有哪种思想引起广泛的关注并引起人们心理的共鸣,"阳光心态"无疑就是其中的一种。

音乐界历来就有高雅音乐与通俗音乐的分野,学术界也从来就有对通俗读物和学术力作褒贬不一的争论,对于这样的争论和分野,我不能也无意做出什么评判。我只想告诉读者,《阳光心态》以非常通俗的语言和案例揭示了很多深刻的哲理,架起了一座通向豁达、智慧和幸福的桥梁。

也许,在迷茫的黑暗中探索的人希望听到雷声、看到闪电,但我相信更多的人在更多的时间需要的是阳光。

金占明

第 4 版序言

我于1996年开始研究阳光心态,讲稿第一次被放在网络上是2003年"非典"的时候,那时是在中国建设银行北京分行授课。2005年出版第1版《阳光心态》,2009年出版第2版《阳光心态》,2012年出版第3版《阳光心态》,现在是2018年,推出第4版《阳光心态》。

其实一开始我研究的出发点是情绪管理和领导力缔造,围绕学术争论"领导力是天生的还是后天培养的"进行了深入思考,我认为超级人物的领导力是天生的,而职场上的领导力是可以后天培养的。要想领导好别人先要领导好自己,领导自己的能力定义成个人领导力,我研究、搜集、整理、创立了许多领导自己的原理,把这些原理集中成一个系统,取名"阳光心态"。本书的目的是让人在三种状态下使自己能够达到平和、温暖、有力、向上,这三个状态就是:高潮、平常、低潮。在高潮的时候调低,低潮时调高,平常时调稳。

原计划是研究如何缔造领导力,但是社会各界朋友却发现阳光心态还有别的用处:心理解压、心理励志、放松心情、处理各类关系、教育子女、开导父母、增加幸福感等,受到了读者的极大喜爱,在职场内外大谈阳光心态。

到目前为止《阳光心态》的直接读者有一百多万人,他们不断把阳光心态的思想传播给身边的亲朋好友,让阳光心态福荫身边的人,至少可以福荫全家人。

改革开放的中国,为我们每个人提供了发挥个人才能、获取名利财富的成功机会,这时成功学与心理励志类书籍成为我们的精神动力。被成功学所激励的我们,目标专一,努力进取,背水一战,求取名利,只求结果,不计过程。我们为达目的不择手段,我们获得了财富与权力,但是我们心情糟糕,在走向目标的过程中,无视内心是否快乐。当我们或多或少实现了我们的目标时,才发现并没有体验到开始时所憧憬的那种刺激,错过了登山路途中许多快乐的风景。然后我们反思,我们在追求什么?我们生命的目的是什么?

我国加入世界贸易组织(WTO)的时候,人们惊呼:"狼来啦!"一段时间后人们发现并没有什么了不起的"狼",也慢慢习惯了应对WTO。但是我们感到了前所未有的紧张与压力,财富在增加,人们的幸福感却在下降。实际上,真正的"狼"是人们自己引入到组织中的竞争机制,这种残酷的竞争机制才是真正的"狼"。这个"狼"在吞噬我们的健康,破坏我们的心情,我们在你死我活的竞争中生存着。过去个人完全被动,人们呼吁要增加主观能动性,现在完全主动了,我们突然成了大海上的一叶孤舟,风雨飘摇,孤单无助。过去搞平均主义,吃"大锅饭",我们呼吁打破平均主义,拉开工资档次。结果拉开档次以后,发现自己原来不是最高的,我们受不了了。

现代社会由于残酷的竞争压力,导致人们的人生态度在发生变化。在一些人当中,人心变成了"狼心",肉心变成了"铁心"。环境变了,世界在变得残酷,丛林法则正在被引入人的群体。这时单纯的竞争已经难以使我们实现目标并获得幸福,所以我们研究情绪管理工具,使人们通过提升情商来获得成功。这是我的前一本拙作《情商与影响力》提出的基础。

不成功便成仁、背水一战的成功多么痛苦，人们对成功到底是什么还说不清楚，只是自己设定了一个目标，然后实现了，就认为是成功了。如果有一种工具，让我们在实现目标的过程中能保持内心平和与愉悦的状态，那我们就不仅仅能够实现目标，而且还能够在实现目标的过程中体验过程的美好，而不是带着"狼心"和"铁心"去争夺蛋糕同时毁灭自己的人性。

阳光心态就是我要设计的这样的工具，我们应对这种变化的最好办法是在应对残酷的竞争过程中保持阳光心态。阳光心态在一定程度上能使"狼心"回归成"人心"，能把"铁心"变成"肉心"，能缔造自我内心和谐、家庭和谐以及团队和谐。

我把阳光心态定义成平常、积极、知足、感恩、达观的一种心智模式，能够让我们带着好心情去创造成功，体验过程。在这本书中，有缘的朋友可以同我一起分享以下一些主要思想：事情是中性的、操之在我、重在过程、活在当下、向下比较、砖块理论、谷底原理和情商树等。我用现实生活中的案例，说明我要表达的思想。读这本书可以使人深刻而不浮躁，谦和而不张扬，自信而又亲和，创造幸福和健康。

当物质丰富化，心灵沙漠化的时候，需要水来让沙漠回归绿洲。当动物世界在消失，人在不断输入动物生存法则的时候，需要教化人心回归人心。阳光心态是洗心之水、是黏合剂、是润滑油、是心理资本、是沟通渠道上的清道夫、是定根水、是消毒水。生命的本质在于追求快乐，而成功只是路径。所以人不仅要求名利，还要求第三个字：情。这样才能实现阴阳平衡、五行协调，用阳光心态发现后院的钻石。

残酷的竞争导致孩子越来越缺少快乐的童年，阳光心态告诉父母如何操作才能够不至于使孩子大了的时候后悔。

人的痛苦是"欲望无限、资源有限"，每个人在每个生命时段都面临压力，住在茅草屋时的心理压力和住在摩天大楼时的心理压力大小一样，内容不同。解压是不可能的，只有锻炼受压、扛压。学会平衡才是苦海余生的一根救命稻草。

今天任何一个门派的思想都不能解决和诠释全部的现实问题，也就是说今天是高度的价值观多元化的时代，"少则得，多则惑"，必须高度综合古今中外的智慧才能够给今天的人以启发。阳光心态是实现高度综合的智慧，让人学会自治。

宇宙大爆炸说明世界起源于一个点，《道德经》告诉我们道生一、一生二、二生三、三生万物。一个人也来自于一个点，完成一个循环又重复了昨天的故事。阳光心态告诉我们如何画一个华丽的圈。

2016年4月26日，习主席在安徽合肥主持召开知识分子、劳动模范、青年代表座谈会并发表重要讲话。习主席说："青年的人生之路很长，前进途中，有平川也有高山，有缓流也有险滩，有丽日也有风雨，有喜悦也有哀伤。心中有阳光，脚下有力量。为了理想能坚持、不懈怠，才能创造无愧于时代的人生。"阳光心态，让我们心中充满阳光。古人云："天不生仲尼，万古长如夜。"阳光心态升起心中不落的太阳。有阳光的地方就不会黑暗，心中有阳光，就没有阴暗的角落，就可以把自己内心的东西拿出来晒一晒。心中有阳光，就达到了《大学》所说的状态："十目所视，十手所指，其严乎？"也达到了《中庸》所说的状态："莫见乎隐，莫显乎微，君子慎其独也。"也就是说阳光心态有利于实现《大学》和《中庸》为我们所设定的目标。

本版增加了对1后面跟了许多0的理解，把这个理念定义成生命价值公式。人的一生,既要保护1,更要增加0。增加0的智慧让我们走向更高、更快、更强,保护1的智慧让我们平安度过、快快乐乐、安全退休、安度晚年。在奋发向上的过程中,不论我们走到多高的地方,距离下一个目标都是差半步,这时候需要用阳光心态来面对这半步差。当你取得令人羡慕的成就时,花海原理告诉我们,令人羡慕的地方是竞争残酷的地方。当工作与生活面临巨大压力的时候,一般人选择的是解压,阳光心态提出扛压。当人们在到处寻找幸福,而又不知道何谓幸福的时候,阳光心态提出幸福就是可循环。当我们富裕以后到世界各地到处旅游而大开眼界,才发现绿水青山就是金山银山。因此,拥有阳光心态的人自然就能够实现人与自然的和谐。阳光心态是船,可以承载我们达到真我的彼岸。

你能够走多远取决于与谁同行,与阳光心态同行,就可能带着阳光心态走向阳光未来。

本书属于"和谐领导力"系列的第一个模块:自己与自己的和谐。阳光心态通过缔造知足、感恩、达观的心智模式,实现自己同自己的和谐。

感谢国家基金的大力支持,也感谢给我大力帮助的人:富萍萍、刘军、宋继文、刘益、关鑫、陈国权、吴昱舟、胡旷、戈星、张彬。

吴维库

2018 年 6 月

塑造阳光心态的原因

心态营造今天

　　世界被思想推动,人被信念推动。世界是永恒的,我们的生命却是短暂的,如果把世界看成是空濛的夜空,我们的生命就是划过夜空的流星,企盼我们这颗流星更长久一些,更明亮一点。我们作为来到这个世界上的生命,希望自己的人生具有价值,生命更加春华秋实,对得起造物主给自己的珍贵生命,报答父母的养育之恩,不辜负亲友对自己的殷切期望。然而,在人生大舞台上,上演着周而复始的几家欢喜几家愁的悲喜剧。有多少人虽然事业有所建树但仍对自己充满自责,有多少人在失意中深陷悔恨,有多少人因为犹豫不决、不能及时觉醒而失去了机会,在自责与悔恨中折磨自己,又有多少人原本是巨人却一直在沉睡?我们企盼唤醒我们沉寂的霹雳,我们企盼激活我们内在潜能的钟声。当我们像迷途的羔羊在一望无际的沙漠中求索的时候,真渴望有人给黑暗中的我们点亮心灯!

　　现在大家面临的是一个什么样的环境呢?我们的财富在增加,但幸福感在下降;我们拥有的财富越来越多,但快乐越来越少;我们沟通的工具越来越多,但深入的交流越来越少;我们认识的人越来越多,但是真诚的朋友越来越少;相识的人越来越多,但相知的人越来越少;房子越来越大,但里面的人越来越少;精美的房子越来越多,但家庭的幸福感越来越少;道路越来越宽,但我们的视野越来越窄;楼房越来越高,但我们的心胸越来越窄;我们渴望了解外星人,却不想了解身边的人;我们可以参与的活动越来越多,但享受的快乐越来越少;我们的支出在增加,但我们的获得在减少;我们的药物在增加,但我们的健康水平在下降;我们的收入在增加,但我们的道德水平在下降;我们的自由在增加,但我们的空间在减少。我们交往得越来越频繁，但孤独感越来越强。

人孤独的原因有三个。第一个是物理隔离：通过高楼、汽车、公路把自己与自然界隔离。第二个是沟通隔离：通过电话、邮件、书信、网络、短信把人与人面对面的沟通隔离。第三个是自我封闭：人有知识和经验后为了防御对自己进行了封闭。

美国芝加哥大学研究结果显示，孤独削弱人的免疫系统，使得人体血压上升、压力增大、抑郁症的危险加大。孤独者与社交活跃者的健康水平差距与吸烟者和非吸烟者、肥胖者和非肥胖患者的差距类似。各种社会原因造成现代人的孤独感增强，人们需要维系社交纽带。

解决的路径有三个：一个是只要有机会回归自然就要全身心投入，把自己设想成自然界的一部分；二是尽量采用面对面的交流方式，面对面的交流是全息沟通，包括眼光、表情、情感、形体、气息、语言。人怕见面，树怕扒皮，经常见见面才能沟通感情，没有感情基础如何给你面子；三是学习一些能打开自己心灵之门的思想，放飞自己的心灵，实现自由。

人们怀念过去那个时代，当时家里穷得叮当响，但是心情特别好。现在家里啥都有，该响的都响，就是心情不爽。我是在东北农村长大的，我小时候经常玩儿"弹玻璃球"，地面坑坑洼洼，不能让球走直线。我的一个小学同学跟我说，那时他最大的心愿是能找到一块平整的水泥地玩儿"弹玻璃球"，现在发现到处都是可以玩儿的地方，想吃啥吃啥，想玩儿啥玩儿啥。他问我："现在是不是到了太平盛世了？"他的话提醒了我，我发现现在的人真是身在福中不知福。

身在福中不知福，哪里出问题了？是我们的心态出了问题。我要提醒朋友们，好心情才能欣赏好风光，好花要有好心赏。人到中年是生命最辉煌的时期,如图1所示。

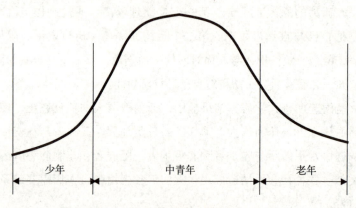

图 1　生命过程示意

大家都看过名画《清明上河图》,描绘的是北宋时期都城汴梁繁荣的景象,现在这种景象中国到处都是。如果这种景象代表太平盛世,现在就更是太平盛世了。生在这样一个幸福的环境中,如果不知道什么是福,那你这一生就白过了。我们的父辈当时生活艰难,辛勤工作,希望有今天,到了今天我们却不知道什么是幸福。中年人怀念童年时代多么幸福,却不知道体会现在的幸福。当人到老年的时候,可能怀念中年时代,对中年时代的行为后悔,那个时候,精力、体力、财力俱备,可以呼风唤雨、心想事成,竟然在彷徨中虚度了。

为了能够让更多的有缘人体会当前的幸福,为了我们不至于在年老时后悔,为了让我们能够体会生命辉煌时候的壮丽,我与朋友们共享一个思想——阳光心态。让有缘的朋友们建立起积极的价值观,获得健康的人生,释放出强劲的影响力。

要想造福一方,首先要造福自己。你自己内心充满热量,才能释放热量。要想照亮别人,先要照亮自己;要想照亮自己,先要点亮心灯。让自己充满热量，你的家庭才会充满温馨，这样你才能把精力放在工作上。良好的心态影响个人、家庭、团队、组织，最后影响社会。好的心态让你成功，坏的心态毁灭你自己。成不成功，在于态度；快不快乐，在于心态。激情创造未来，心态营造今天。

心态的力量

心态具有多大力量呢？

有一个教授找了九个人做实验。教授说，你们九个人听我的指挥，走过这座弯弯曲曲的小桥，千万别掉下去，不过掉下去也没关系，底下就是一点水。九个人听明白了，都走过去了。走过去后，教授打开了一盏黄灯，透过黄灯九个人看到，桥底下不光是一点水，还有几条在蠕动的鳄鱼。九个人吓了一跳，庆幸刚才没掉下去。教授问，现在你们谁敢走回来？没人敢走了。教授说，你们要运用心理暗示，想象自己走在坚固的铁桥上。诱导了半天，终于有三个人站起来，愿意尝试一下。第一个人颤颤巍巍，走的时间多花了一倍；第二个人哆哆嗦嗦，走了一半再也坚持不住了，吓得趴在桥上；第三个人才走了三步就吓趴下了。教授这时打开了所有的灯，大家这才发现，原来鳄鱼是真的，但是在桥和鳄鱼之间还有一层网，网是黄色的，所以刚才在黄灯下看不清楚。大家现在不怕了，说要知道有网我们早就过去了，几个人很快都顺利地走过来了。还有一个人不敢走，教授问他："你为什么不敢走？"这个人说："我担心网不结实。"

这个实验揭示的原理是心态影响能力。无知者无畏，因为无知而胆大，因为有知而胆小。为什么初生牛犊不怕虎？因为它不认识老虎。

身心是一个系统中不可分割的两个部分，心理活动对生理活动有直接的影响。行为是心理的反应，能力影响心境，心境影响行为，行为创造情绪，所以，身心是合一的。电脑的软件推动硬件运转，软件在硬件之内运行，软硬兼施，刚柔并济，阴阳平衡。如果给身体输入积极的信息，硬件就做出积极的响应。

1980年以后，科学证明人体的免疫系统是与心灵的活动完全相关的，心理紧张可能会抑制免疫系统发挥作用，从而导致人体健康状况下降。行为是心境的反应，行为反过来也会影响心境，模仿一个人的生理状态，可以获得同他们一样的心境。

提出问题的方式影响人的心态。

使心情变差的提问：为什么我老是倒霉？为什么这些问题老是发生在我身上？为什么老是我来处理这些问题？为什么我就是无法解决这些问题？为什么他们这么对我？

使心情变好的提问：处理这个问题对我有什么帮助？我能够从这个问题中学到什么？这个问题中可能存在哪些机会？有哪些有效的方法可以解决这个问题？我如何能有效地解决这个问题？如何享受解决问题的过程？

积极的提问会带来好的行为结果：提出问题引发注意力，注意力影响心境，心境影响行为，行为影响结果。成功者善于问好的问题。

心态决定命运

小孩六七岁时开始模仿父母或邻近人的行为并建立基本价值观,由此可知孟母三迁的理由。如果那时活在"文化的贫穷"下,这个孩子长大后90%会变成穷人,而活在"贫穷的文化"中的孩子,长大后90%变成了富人。

大部分穷人最欠缺的是"耐性"。一个美国教授做了一个实验:在华盛顿州的一个小学里,共有234个男孩,年龄7~9岁,要他们做出选择:一是立刻收到10美分;二是到中学毕业离校时得到10美元。

到1980年,这234个男孩都进入了社会,当年选择10美分的男孩中有65%属于贫民阶层,他们之中只有35%成为中产阶级,反之当年选择10美元的男孩中有30%属于贫民阶层,而70%成了中产阶级。

为什么那些选择10美分而放弃中学毕业后收取10美元的人长大后大多数仍然贫穷?因为虽然毕业时能收获当时收获的100倍,但他们没有耐心等几年,同时对学校的信心不够。这是文化上的贫穷。

何谓贫穷的文化?这些家庭虽然贫穷但是父母相信"利他主义",十分愿意帮助比自己更穷的人,他们的行为使自己的孩子从小便养成对金钱的正确价值观:他们的孩子愿意帮助别人,可是自己能力有限,因此渐渐懂得努力学习本领以后能够多赚一些钱,以便有能力帮助别人。这样的孩子也因此养成"承担责任"的性格及影响他人的能力,因为他们愿意帮助别人。

这样的孩子进入社会时便喜欢交朋友并愿意承担责任,照顾能力不如自己的人,最后使自己事业成功。

同样是贫穷却产生两种不同的结果，前者令孩子变得短视，不信任别人而最终继续贫穷下去。后者令孩子养成关心别人，肯负责任的性格而成功，对于这一点中国人叫作"积福"。

心态就具有这么大的力量，从里到外影响你，心态决定命运。好的心态有助于成功，差的心态毁灭自己。身心相互影响，思想决定了我们的身体如何反应，心理是人类行为的主宰，健康的心理产生健康的语言和行为。如果一个人语言积极向上，我们可以判断他的内心充满阳光，如果一个人语言尖酸刻薄，总能鸡蛋里挑出骨头，我们就怀疑他的内心阴暗冷漠。

什么是健康？1989年世界卫生组织（WHO）的定义是：健康不仅是没有疾病，而且还包括躯体健康、心理健康、社会适应和道德健康四个方面。世界卫生组织关于健康有七个方面的标准：智力正常；能够控制自己的情绪并且心境良好；具有坚强的意志品质；人际关系正常；主动适应并改造环境；人格健全统一；心理发展符合年龄特征。

著名心理学家马斯洛提出了心理健康的以下标准：

- 有足够的自我安全感。
- 了解自己，有正确评价自己的能力。
- 生活理想切合实际。
- 不脱离周围的现实环境。
- 能保持人格的完整和谐。
- 善于从经验中学习。
- 能保持良好的人际关系。
- 能适度发泄和控制情绪。
- 在符合集体要求的前提下有限发挥个性。

- 在不违背社会规范的前提下恰当满足个人的基本需求。

人有九类基本情绪：兴趣、愉快、惊奇、悲伤、厌恶、愤怒、恐惧、轻蔑、羞愧。前两个兴趣和愉快是正面的，第三个惊奇是中性的，其余六个都是负面的。在这九类基本情绪中，两类是好的，六类是不好的。由于人的负面情绪占绝大多数，因此人不知不觉就会进入不良情绪状态。我们的目的就是要塑造阳光心态，把兴趣和愉快这两个好情绪调动出来，使大家经常处于积极的情绪状态中。比如说，我现在不高兴了，我就想办法把积极的情绪（例如兴趣和愉快）调动出来，就像从衣服口袋里把它们掏出来一样。想让哪个情绪出来，就能自如地把它调动出来。

有一个人跟我说："我们科室的人素质太差。"过些天又说："我们单位的人素质太差。"你要靠周围的人存在，当一个人抱怨周围人都有毛病的时候，就是自己有毛病了，就是自己要调整心态的时候。

> 心态影响能力的发挥，影响生理的健康，最终影响一个人的命运。

心态影响身心与事业健康

为什么要调整心态？因为不良情绪对人的健康有巨大的破坏作用。一般人都恐惧未来，未来就是还没有到来的状态，如何来还不知道，所以在年轻的时候要多努力一些。人类共有的恐惧有六种：贫穷、批评、生病、失去爱、年老和死亡。前两个恐惧贫穷和怕被批评，经过自身努力可以改变；中间两个怕生病和怕失去爱，经过自身努力在一定程度上可以改变；后两个恐惧，怕年老和怕死亡，经过自己的努力不可改变，怕老一定得老，怕死必死无疑。这些烦恼是你有我有大家有，不分贵贱全都有。如果你正在为这些担心和烦恼，我的忠告是别把所有的烦恼都自己扛，大家都在扛着呢。你一个人扛不了，别把自己看得太高。力所能及则尽力，力不能及由他去。我们如果能这样想，情绪就会变好。对于一些道理，有人先知先觉，有人后知后觉，有人不知不觉。先知先觉者先行，后知后觉者跟随，不知不觉者不动。

松岩从小到大，对自己的成长和生活状态一直比较满意，因此心态也一直比较阳光。上学期间，他表现一贯良好，学习成绩不错，文体活动积极，奖学金、三好学生年年有份儿，很受老师和同学的认可。

工作以后，虽然松岩也很快被提拔成公司历史上最年轻的副处级干部，但总体来说，进步得比较慢。近三年来，他基本处于原地踏步的状态。渐渐地，他心中难免生出些许的不平。今年工作负荷非常重，他偶尔就会跟领导讲讲待遇，发一些小牢骚，计较正职对他的态度。他以前从来不这样，但他对自己的改变竟没有怎么觉察。他学习了领导学的课程以后，总结了自己的问题主要有以下两点：

第一，把个人利益凌驾于集体的价值观之上了。过分看重了付出与收益的简单对应关系，没有把全身心的精力和激情投入到工作中去，有时还会对工作任务挑肥拣瘦，美其名曰"机会成本最小，效益最大"云云。那么，在别人看来，一人个有十分的力气，若只使出九分，当然不会获得很高的评价了。

第二，没有扮演好副职的角色。松岩天真地认为正职理所当然地应该把他当哥们看待，信赖他、依赖他，因此有些时候

> 他往往不关注细节，例如汇报工作不够主动，没有其他同志对领导的那种"热情"，等等。以至于他与正职之间始终没有形成肝胆相照的关系。
>
> 为了塑造阳光心态，他对自己进行了新的定位：提高自己的工作热情和敬业心，接受并热爱副职的工作，扮演好自己的角色。

心境具有两极性，积极的心境使你产生向上的力量，使你喜悦、乐观向上、生气勃勃、沉着冷静、缔造和谐，消极的心境则相反。积极的心境是一种精神优势，是无形的力量，会激发主动性、创造性、积极性，产生内聚力和自我和谐。近年来国家提倡要构建和谐社会，阳光心态就是构建和谐社会的一个基础。

健康积极的情绪有利于身体健康，负面消极的情绪会给肌体带来危害。理智和情绪存在背离的关系，当情绪不正常时，意识范围会缩小。情绪具有感染性，积极的情绪促进积极的行为，积极的情绪有利于做出正确的决策。

负面消极的情绪使你忧愁、悲观、失望、委靡不振、烦躁不安、伤心、焦急、愤怒、内疚，会导致颓废、心神不宁、反应迟钝、效率低，会影响群体中他人的情绪，导致人际关系紧张。

请你思考一下，为什么别人乐于同你交朋友，做你的追随者？就是有两个原因：在你这里他能够获得自信和愉悦。你会说："不对，他追随我是因为有工作、有奖金。"美国俗语说："人的自信同腰包成正比。"金钱的价值也在于使人获得自信。因此，如果你能够给别人带来自信和愉快，别人就会追随你。

也许你的问题是我如何才能够给别人带来自信和愉快？强有力

的健康向上的心境是你能够给别人带来自信和愉快的基础。如果我身边有这样的人，心理强大有力，乐观向上，凡事总能够向积极的方面去想，再糟糕的事情也不会把他击垮，我一定去追随他，因为他能够给我力量。

如果你的心情不好，就会向别人发脾气，不愿意配合别人的工作，人际关系就会紧张。如果一个领导心情经常不好，这种不好的情绪就会像羊群中的瘟疫一样在组织中传染，导致团体内人际关系紧张。

一个人恶劣的情绪会破坏他的身体健康，一个经理的恶劣情绪会破坏企业的健康。

折磨人最残忍的办法是折磨一个人的情绪。

> 欧洲中古时期，残忍的将军折磨他们的俘虏时，常常把他们的手绑起来，放在一个不停往下滴水的袋子下面。水滴着，滴着……夜以继日。最后，这些不停滴落在心头的水，变得像锤子敲击的声音，使那些人精神失常。忧虑就像不停往下滴的水，而那不停往下滴的忧虑，通常会使人有不堪重负之感。

作家笔下的心病是这样的：心病导致心情灰暗、了无生趣，忧伤排山倒海而来，充满恐惧、疏离感以及可怕而令人窒息的焦虑；而后理智出现问题，出现混乱、注意力无法集中、记忆衰退的现象；再到后来心智充满混乱的扭曲思绪，自觉思想被无以名状的潮流吞没，再也无法感受人世间的乐趣。身体方面也有症状：失眠，宛如行尸走肉，陷入一种麻木、衰弱以及无力感的状态中。同时食物及其他感官享乐都味同嚼蜡。最后仅有的希望也烟消云散，心中渐渐生出一种恐怖感，以为绝望越来越像具体可以触及的痛楚，甚至使人怀疑自杀就是最好的解脱方式。

> 美国芝加哥大学医学研究中心跨12年，对1 256人进行研究。与个性比较阳光、无忧无虑的人相比，经常感到压力过大或者抑郁者，容易患上老年痴呆。发生轻度认知障碍的人数是阳光个性人的40倍。世界卫生组织统计：全球抑郁症的发病率为11%。抑郁症已经成为威胁人类健康的第四大疾病。高级知识分子、白领、文艺圈人士、企业高管发病率最高。2020年，抑郁症会成为仅次于心脏病的第二大杀手。21世纪人类的主要杀手就是抑郁症。牛顿、达尔文、爱因斯坦、林肯、丘吉尔都得过抑郁症。海明威、阮玲玉、三毛、张国荣等甚至因为抑郁症而自杀。

一个有阳光心态的人会对别人的情绪负责，会对受其影响的人的情绪负责，要学会用简单的方法使大家的情绪进入良好的状态。

> 李君2000年到中央电视台工作，事业发展较为顺利，四年后，他已经是中央台最年轻的科长了。但是在这个过程中，曾经有过一些反复。因为在大学里学习法律，李君养成了较为严肃的习惯，进台后领导又十分重视他，两年便提拔为副科长，李君的工作压力较大，于是严肃的习惯越发明显，经常故作沉吟、表情痛苦。时间一长，大家很受影响，而他浑然不觉，认为严肃只是自己的事情。后来，部门领导给他提出了建议，指出一个人在环境中，态度不仅仅是自己的问题，一个人的沉闷可能导致大家的压抑，一个人的开朗可能会活跃整体的工作气氛。作为部门的骨干，不仅仅要在业务上带头，在营造气氛上

也要起到好的作用。

从此以后,他刻意地注意自己的情绪状态,尽量使自己处在一种健康乐观的心态当中,在工作中保持轻松的笑容,调节自己的心态,改善部门的环境,后来他还会在适当的时机调侃一下,确实取得了较好的效果。

环境的变化

我们生存的环境今天与昨天相比发生了以下变化,如表1所示:

表1 环境发生的一些变化

过 去	现 在
没有竞争	残酷竞争
个人被动	个人主动
平均主义	档次差距
重视情感	重视金钱

过去没有竞争,人们呼吁竞争,说竞争产生活力,用鲶鱼效应和狼与鹿的故事塑造人们的竞争意识,结果现在竞争到了残酷的地步,有些人受不了了。

过去个人完全被动,人们呼吁要增加主观能动性;现在个人完全主动了,突然成为了没有爹妈的孩子,如同大海上的一叶孤舟,风雨飘摇,有些人受不了了。

过去搞平均主义、大锅饭,人们呼吁打破平均主义,拉开工资档次;拉开档次以后发现自己原来不是工资最高的,有些人受不了了。

过去重视感情，推崇梁山伯与祝英台、董永与七仙女式的精神爱情；现在爱情重视的是金钱与现实基础，有些人受不了了。

当人群之中做事的规则跟动物界的森林规则一样的时候，人就缺少了人情味，缺少了人性的温暖，感到的是冷漠，不适应这个变化的人就会痛苦。

大家都在拼命地扩大市场份额，在蛋糕体量不变的情况下，等于是把别人的饭抢来给自己吃。竞争已经渗透到了人的骨子里，使人烦恼，心态变差。当人心的活动偏离了其本来面目的时候，人会感到痛苦、孤独。

竞争是残酷的，但人还得快乐，我们就在矛盾的夹缝中生存。有人会说，我说了一些相互矛盾的观点。是的，是相互矛盾的，正因为是矛盾的，所以你才可以用我讲授的矛和盾对付外面的盾和矛。这门学问叫"聪明学"。解决矛盾的办法就是不要用自己的矛刺自己的盾，我的盾对付别人的矛，我的矛对付别人的盾。有人会将我的军，我买来你的矛去刺你的盾又如何？我的办法是三天以后你再来，我改进我的盾，用来对付你的矛。如果你买了我的盾来攻我的矛，我把矛改进一下不就行了吗？

环境、世界在变得残酷。我们应对这种变化的最好办法是在应对残酷竞争的过程中保持阳光心态。

今天到处充满着工业化冷漠，高速发展的现代化工业将人们当成生产中的一个螺丝钉，而忽略了人的情感因素。工厂的管理也过分物质化和标准化，以致于人在工作过程中像一个机器零部件一样冷冰冰，员工之间的关系也因这种高效率的管理变得冷漠。在这种环境中的人们感觉不到成就、尊重，只有挫折与疲惫，严重的会导致员工自杀等极端行为。

今天也到处充斥着都市化的冷漠。虽然城市充满着人，但是由于各类人都混杂在一起,缺少共同的价值标准,因此人与人之间存在着提防与竞争,缺乏信任,邻里之间缺少来往,甚至社区也是孤独的人的集合,这就是都市化的冷漠。

这要求企业在追求效率的同时营造员工的交往空间、发展空间,也要求个人管理好自己的心态,能够在孤独与喧嚣中实现自我平衡。

我们的浮躁、烦躁、急躁,三躁来自于三个原因:

第一个原因是组织同组织竞争。这种竞争导致一个组织为了生存必须获得更多的资源以发展壮大,对公共资源的争取和竞争手段的采用已经到了囚徒困境的状态。

第二个原因是组织对成员的考核。为了让这个组织能够生存并且具有竞争力,过去的考是"考",现在的考是"烤",而导致成员感到的是煎熬,结果只能是躁动和短视,让这种状态的成员看到组织的"愿景"几乎就是痴人说梦。所以现在的成员更喜欢"交易型领导"风格而不是"改造型领导"风格。

第三个原因是个人比较。人本能地把自己的现在同自己的过去进行比较,把自己同周围的人进行比较。同自己的过去比较还能够看到满意之处,但是同周围的人比较总能够发现许多不尽如人意的地方,然后就产生了三躁。

阳光心态能够使得一颗躁动的心平静下来,让人在奋发向上的过程中体会到进步的喜悦,在创造幸福快乐的过程中享受幸福快乐。

美国学者的研究结果是:乐观的生活态度不仅能够改善人的情绪,还能够提高人体的免疫力。研究人员对一组大学新生进行了跟踪观察,对他们的乐观指数以及免疫系统的相应反应进行了记录、分析。发现生活态度越乐观的人,细胞免疫功能(即机体对抗外来病毒和细菌的功能)就越强大,而一旦乐观指数下降,细胞免疫功能也会相应下降。

对幸福的描述有两个参数，一个是幸福指数，另一个是幸福感。幸福指数是客观的，是别人的看法，是指人均占有的公共福利设施，如教育、医疗、空气质量、绿色环境、公共安全。幸福感是主观的，是自己的感觉。一个有积极心态的人任何情况下都会发现阳光。

生命的本质是趋利避害

你想过没有，你来到这个世界上究竟是为了什么？我在一个班上问这个问题的时候，有人说，我来这个世界就是玩儿来了；有人说，我来这个世界就是吃好东西。这种回答没错，我们来到这个世界不就是为了吃好、喝好、玩好和乐好吗？过去我们批判这种观点，现在发现无论做什么事情，都是为了快乐：自己快乐，别人快乐，大家快乐。实质上，我们来到这个世界事先是没有任何计划的，我们被父母带到这个世界上，是在什么也不知道的状态下来的，因此所有的关于来到这个世界上的目的的回答都是错的。有四个哲学问题人们没法回答：我是谁？我从哪里来？我来干什么？我到哪里去？

亚里士多德说，生命的本质在于追求快乐，使得生命快乐的途径有两条：第一，发现使你快乐的时光，增加它；第二，发现使你不快乐的时光，减少它。

1995年哥本哈根社会发展世界峰会指出：社会发展的最终目标是改善和提高人民的生活质量，一切人类努力的伟大目标在于获得幸福。

英国教育家尼尔说：生命是一个过程，重在追求幸福，寻找快乐。

说得多好，但是你们会发现他说了和没说一样，谁不知道要寻找快乐，但问题是快乐在哪儿？谁不知道要躲避不快乐，问题是不快乐总是追着我们，我们躲不过去。

德国思想家席勒说过："只有当人是真正意义上的人时，他才游戏。只有当人游戏时，他才完全是人。"

由于人的价值观不同，所以人们对快乐的理解不同：有人认为吃燕鲍翅肚是莫大的幸福，有人却为明天还吃燕鲍翅肚而痛苦。有人以为骑自行车上下班是一种卑微，有人却因为压力而不能享受骑行上下班的轻松自然。

现在社会上流行的一种理念叫执行。什么叫执行？我的理解就是：把思想变成行动。什么叫执行力？把思想变成行动的能力，也就是把事情做成的能力。如何把事情做成？就要调动、整合自己内部和周围的资源，创造机会，实现目标。执行力实质就是领导力，领导力就是影响力。阳光心态是影响力的来源，是执行力的基础。我们要把一种思想变成行动，考验的是我们的执行力。像我这样的一个小人物，不能提出大哲学家的思想，但是要把大人物的思想变成我的行动，这就要考验我的执行力。

我把快乐分为两类：自然快乐和中性状态。如果事情的发展尽如人意，那么自然要享受快乐，不用刻意研究快乐产生的路径。如果事情发展不尽如人意，而自己又不想承受挫折产生的痛苦，那就要想出一些办法，让自己没有痛苦。这种快乐我称为中性状态。如果自己能够在顺心如意的情况下感受快乐，又能够在背时厄运的情况下保持平和，那我们的生活质量就会得到提高。

阳光心态的目的是要让有机会读到这种思想的人更多地体会到人生的快乐，但能否通过阅读本书中的道理获得阳光心态，取决于自己的悟性。悟性可以理解成通过表象看本质、举一反三、触类旁通、创造知识、灵活应变的能力。我们可以把马领到河边，但是不能强迫马去饮水。

悟性（understanding, apprehension）高的人，领悟力（realize, understand）强，具有很强的非逻辑思维能力，合情可能不合理。

如果你感到有压力，你绝不孤单；如果你感到郁闷，你绝不孤独；如果你感到痛苦，有无数的人与你的状态一样。按照马斯洛需求层次理论，人在不同的层次上都有愿望难以实现的压力。即使到了衣食无忧、令人羡慕的状态，也有自我实现得不够充分的压力。

烦恼来自比较。

如果你在这个层面上因为有压力而羡慕另外一个层面上的人，采用移情换位就会知道心理状态都是一样的。只有学会自己调整才能够获得心态的平衡，别无他法，这叫作只有自己才能够救自己，自己才是自己的菩萨。

竞争导致我们的生存条件在改变，物质在丰富化，心灵在沙漠化。人制造出数字，数字又把人压垮。要想幸福生活，需要把自己向这样的方向修炼：肉心＋铁人。

当物质文明不再贫乏的时候，人要注意精神营养的汲取：美育，包括音乐、绘画、雕塑、建筑、戏曲、舞蹈，学会才子佳人的生活，把自己的兴趣导向琴棋书画、吹拉弹唱、风花雪月、山水风光。

人拥有阳光心态可以抵抗各种压力，摆脱依附而产生的脆弱，走向心灵的自由和轻松。

张瑞敏说："一个企业家首先是一个哲学家，要善于学习。学习的意义在于'觉悟'。透过前人的传承，敲开心灵的混沌，激发道德的潜能，将文字中蕴含的深意化为行动，提升心灵的层次。"

> 聪明的人把别人的经验变成自己的智慧；愚蠢的人用自己的错误成就别人的经验。

道理不在大小，及时得到就

好,就有可能被"一句话点醒梦中人"。例如哈佛大学图书馆的宣传标语是:如果你此时打盹,你将做梦;如果你此时学习,你将圆梦。

医生对保持健康的建议是:管住你的嘴、迈开你的腿。我们在这里再增加一个建议:调好你的心。

今天的我们之所以不适应现在的环境,原因就是这个世界发展太快了。每天有大量的土地变成水泥地,大量的楼房平地而起,新的公路在建成,周围的物在变、事情在变、人在变、文化在变。自己还没有搞清楚昨天的事情,今天又发生了新的事情,明天又充满其他不确定性。昨天认识的路,今天可能就不认识了。

所以我们真应该放慢发展的脚步。

处于局中的人容易蒙在鼓里,如果有外部的人能够敲鼓惊醒他,让他知道自己原来是在鼓里的,这个击鼓的人就是他的贵人。如果有人有办法把鼓皮击破,让他从鼓里出来,这个击破鼓皮的人就是他的恩人。

一个禅师走路特别快,走到一个地方就停下来等一等。别人问他等什么,他说:"我等等我的心,让灵魂跟上我。"

如果一个人不适应当前的变化,他就会抱怨。

如果一个人对当前的一切抱怨过度,说明他的心还在过去,身体却到了现在。这时他的心就不适应达尔文的进化论——适者生存了。进化论昭示的不是最强也不是最大的物种能存在下去,而是最适应的能够长久存在下去。时代的巨轮滚滚向前,承载着我们的身体来到了今天,迫使我们的心也必须随同身体与时俱进,阳光心态让人心前进的步伐加快,保证自己身心合一。让人做到既有能力创造,又有福气享受自己的创造。

阳光心态促进健康

医学数据说，人 75% 的疾病由情绪引起，经常保持好心情可以增寿 5～7 年。阳光心态有利于获得良好的心境，如：善良、宽容、乐观、淡泊。它们有如下好处。

善良：与人为善，会始终保持泰然自若，能把血液流量和神经细胞的兴奋调度到最佳状态，从而提高机体的抗病能力。

宽容：理解和原谅会使人备感轻松，如果只知道苛求他人，则会因为经常处于紧张状态而导致神经兴奋、血液血管收缩、血压升高，破坏身心健康。

乐观：能够激发人的活力和潜力、解决矛盾、战胜困难。反之，常常悲观则容易滋生抑郁等负面情绪，使得神经系统紊乱，疾病缠身。

淡泊：恬淡寡欲就不会得而大喜，失而大悲，让身心始终处于平和的状态，才能够运行长久。否则容易使身体因用耗过度而提前衰竭。

有一首赞颂毛主席的歌曲叫作《阳光灿烂照心房》。心是房子，房子里面要住人。谁住在心房里？是精神，精神又叫作灵魂，灵魂可以叫作灵，一个人没有精神、无精打采时我们就说他像没有了魂一样，所以心是精神的家园，也就是灵魂的归属。军队要有军魂，一个集体的灵魂就是它的价值观。心灵可以分解成两个概念——心和灵魂，灵魂要住在心里，如果心里装满了东西，而且是垃圾的时候，就没有了灵魂存在的地方了。灵魂是自由、美丽、洁白、无瑕的，如果心里黑暗，灵魂也不能在这里休憩，如果心房的门窗关闭了，灵魂也就没有了回家的路。所以，把房子清理干净，把门窗打开，让阳光洒满房子，让房子不再阴暗潮湿，这样的地方才可以让灵魂居住。心房有灵魂居住，就是心灵了，心与灵合一，叫作心灵和谐。要想实现和谐，需要有以下方面的实现：心灵合一、身心合一、阴阳平衡、五行协调。心与灵合一则和谐，精神家园在心中。把心房清理干净，门窗打开，让灵魂回家。心灵合一的人会平和、温暖、有力、向上，很少会产生负面情绪，因此就不会产生精神方面的疾病了。

以下是我要介绍的一些工具，将这些工具和大家分享，看看能否把亚里士多德的思想变成行动，达到趋利避害的效果，实现心灵合一，达到心灵和谐，让大家体会到更多的人生快乐。

塑造阳光心态的工具

第一个工具

改变态度

当一个人改变对事物的看法时,事物和其他人对他来说也会发生改变。如果一个人把他的思想指向光明,就会很吃惊地发现,他的生活在变得光明。

关于健康的概念是：健康不仅是没有疾病，还指个体在身体上、精神上完全安好的状态。有学者提出："健康就是能对抗紧张，经得住压力和挫折，能积极安排自己的生活，使自己的智慧、情感融为一体，生活充满生机且富有意义。"医学心理学研究表明，心理疲劳是长期的精神紧张、反复的心理刺激及复杂的恶劣情绪影响逐渐形成的，心理疲劳如果得不到及时疏导化解，天长日久，会造成心理障碍、心理失控甚至精神失常，从而引发多种心身疾病。

塑造阳光心态就是要有足够的自我安全感；了解自己，正确评价自己的能力；生活理想切合实际，不脱离现实环境；能保持人格的完整和谐；善于从经验中学习；能保持良好的人际关系；能适度发泄和控制情绪；在符合集体要求的前提下有限发挥个性；在不违背社会规范的前提下恰当满足个人的基本需求。

> 有这样一个故事。三个泥瓦工在砌一堵墙，一位哲人问三个人："你们在干什么？"第一个人回答："砌墙。"第二个人回答："盖一幢楼。"第三个人回答："我们正在建设自己的家园。"哲人听后拍了拍第三个人的肩头说："今后你将成功。"果然，许多年之后，第一个人依然是泥瓦工，第二个人成了工程师，第三个人成了前两个人的老板。

三个人的命运形成如此大的反差，从中我们不难看出，态度决定命运。一个人的精神状态对于一个人的工作、生活乃至人生，具有多么重要的意义！应该说，生活给予每个人成功的机会是同等的，有时候收获不同，只是人们的心态不同罢了。

有的人把做什么事都当作无奈之举，总是怨天尤人，得过且过，结果只能是碌碌无为。有的人无论干什么事都以愉悦的心情对待，用热情、勤奋去构筑未来，所以自然能得到丰厚的回报。有人能从挫折的阴影走向成功的彼岸，有人却只能从胜利的喜悦走向失败的悲哀。这就启示我们应思考以何种态度去面对现实人生。乐观为之，苦中有乐苦亦甜；悲观为之，苦中挣扎苦无边。人生旅途中，艰难困苦是不可避免的，能否战胜，完全由对待艰难困苦的态度决定。只要能始终如一地保持着积极进取的心态，保持着乐观向上的心境，保持着饱满昂扬的热情，就能无往不胜。

"神奇教练"米卢有句名言：态度决定一切。足坛解读米卢的"神奇"正是源于他视足球为生命和最爱的态度。学习阳光心态可建立积极的价值观、获得健康的人生并释放强劲的影响力。它有助于我们控制自己的情绪并且保持心境良好，具有坚强的意志品质，能主动适应并改造环境，人际关系正常，人格健全和统一以及心理发展符合年龄特征。

中性理论

我把事情定义为事情本身，事情不等于坏事情或好事情，不等于大事情或小事情，不等于对事情或错事情。事情没有大小，事情没有好坏，事情没有对错，事情没有悲喜。人给事情定义了大小、对错、好坏、悲喜。我又把事情定义成一枚硬币，硬币有正面和反面两个面，当你看到反面，抱怨怎么是反面的时候，翻转过来就看到正面了。在

> 障碍、打击、失败只是生活的一部分，它们成为问题只是因为我们的态度。
> 当事情没有按自己的意愿发展的时候，不要伤心，换个角度看事情。

你得到一个硬币的正面的同时,反面也已经存在了。找一个人作为伴侣的时候,在得到他的优点的同时,也得到了他的缺点;赏识他的优点的同时,也必须包容他的缺点。

半山腰理论

如果你还没有爬到山顶,我向你表示热烈的祝贺,因为你还有继续上升的空间和动力,这时你不会空虚。因为没有做到最好,所以还需要努力。如果你在半山腰处,因为没有达到最高的顶点,所以你希望再上升。如果你不努力向上,你将下滑,因为害怕下滑,所以你会战战兢兢,如逆水行舟,不进则退。因为还没有到顶,所以还有希望,希望是前进的动力。

山顶理论

如果你已经到了顶点,我也向你表示热烈的祝贺,你的努力得到了回报,你实现了自己的目标,想保留在这个状态就很难了,如果不设置更高的目标,就容易走下坡路了。"日中则昃,月盈则食。"如果你已经达到了顶点,我的建议是努力维持这种势头,并且给自己设置新的目标,否则将会空虚,这种空虚会使得你失去动力,寂寞难熬。

半山腰理论和山顶理论统称为山坡理论,如图2所示。

带着中庸的观点看事情,事情就会变得平淡,人也就会获得平和的心态。

图 2　山坡理论

改变不了事情本身就改变对这件事情的态度,一个人因为发生的事情所受到的伤害不如对事情的负面看法给他带来的伤害严重。事情本身不重要,重要的是人对这个事情的态度。态度变了,事情就变了。态度变了,人就变了。事情没有好坏之分,关键是我们对事情的态度。

这种观点主要用来调整我们的心态,对于已经过去了的事情,不必去后悔,改变态度,从积极的视角去解释,这样做的目的是不在悔恨和自责中折磨自己。

持这种心态的人可以获得两类快乐:一类是自然快乐,一类是中性状态。目标实现了,达成了预期的目的,愿望得以满足,这自然是快乐的。但是如果行动受挫,愿望没有得到满足就会痛苦,但是痛苦折磨可能导致更糟的结果。一个人不应同时承受两类痛苦:生理的和精神的。精神有力可以减轻生理的压力,心情愉快虽然肉体劳累也可能不感到辛苦。用阳光心态的原理可以让低落的心境得到提升，把自己的心境提升到零线以上：延长积极情绪影响的时间；缩短消极情绪影响的时间；降低不良情绪影响的程度；减少产生不良情绪的次数。

我把心境分成三个层次：负性、零、正性。用中性理论让自己的心境达到零线以上。

是好是坏还不知道呢

我喜欢从古老的故事中提炼新的道理。

有一个成语叫"塞翁失马，焉知非福"，由来是这样说的：在古老的东方，有一个智者，他的一匹马丢了。邻居说你真倒霉，智者回答，是好是坏还不知道呢。不久丢失的马领着一匹野马回来了，邻居说，你太幸运了，多了一匹马。智者回答，是好是坏还不知道呢。智者的儿子骑野马，从马上摔下来，把腿摔断了，邻居说，你真倒霉，就这么一个儿子，腿还摔断了。智者回答，是好是坏还不知道呢。过了一段时间，皇帝征兵，很多年轻人都在战场上战死，智者的儿子由于腿断了不能打仗，未被征兵而性命无忧。

无论是东方还是西方的塞翁失马，故事讲到这里就结束了。我们可以继续推理，邻居说，你真幸运，儿子还活着，智者可能回答，是好是坏还不知道呢。儿子结婚了，邻居说，你命真好，断腿的儿子还找到了媳妇，智者可能还是回答，是好是坏还不知道呢。

我从这个故事中提出了一条现实中我们立竿见影使用的原理，那就是："是好是坏还不知道呢！"

这个原理能够让处于巅峰的人保持冷静，不至于忘乎所以而大喜过望。也能够让处于生命低谷的人不至于消沉低落而大悲过度。可以让一个人高高山顶立，也可以让一个人深深海底行。

如果富士康跳楼的那些年轻人，听到了"是好是坏还不知道呢"，也许就不会走极端了，会坚持一段时间再寻个究竟。时间是医治心灵创伤的良药。

所以从长远来看，任何事情是好是坏还不知道呢。没好事没坏事，只是有事，这样想，人就会变得洒脱、拥有平常心一些。

我们穷怕了，渴望富裕，突然有钱了，却丧失了许多本真。

> 事情就是硬币，你看到正面，但是你对面的人看到了反面。

如果预报有台风来了，一般人认为是坏事。但是，2009年夏季的台湾人，由于许久的干旱少雨，就盼望台风，因为台风会把雨送来。

所以可以推理这样的原理：快乐与烦恼相伴，风光与风险并存。所以毛主席说："无限风光在险峰。"

在人们都在努力获取财富的时候，中国的古老智慧提醒我们：贤者多财损其志，愚者多财生其过。

当人们都在努力满足欲望的时候，萧伯纳说："人生有两大痛苦，一是欲望得不到满足，二是欲望得到了满足。"

当我们追求永恒时，佛学告诉我们一切无常。

人的痛苦在于"欲得"，佛陀提出一系列的原理，让人学会不要执著于得，"空、放下、不执著、身外之物生不带来死不带去"。文明高度发展的今天，人的"欲得"不但没有减少，反而越来越强烈了，并且还多了两种痛苦：一是不敢得，二是甩不掉。

有人的痛苦是要什么有什么，但是不敢得，因此苦恼。

有人的痛苦是有了以后想甩掉，却怎么也甩不掉，因此痛苦。

今天人的痛苦是"欲望无限，资源有限"。如何在有限的资源和无限的欲望之间取得平衡，是最大的智慧。阳光心态教我们学会管理欲望，在有限的资源和无限的欲望之间取得平衡。

欲望像一张渔网，大小适度才有鱼。

"是好是坏还不知道呢"有利于在有限的资源和无限的欲望之间取得平衡，放松紧张的神经，而不至于钻牛角尖。

用这样的智慧看现实，人们会很平静。带着这种态度，我们就会达到这样的境界：

> 宠辱不惊，看庭前花开花落；
> 去留无意，望天空云卷云舒。
>
> 浙江大学有两个女同学甲、乙是好朋友，大学毕业后她们都留校当了老师，很幸运每个人都生了两个儿子。甲的两个儿子很争气，都考到美国留学了；乙的两个儿子不争气，全都当了"的哥"。你们说甲、乙谁幸福？人们都羡慕甲，说你命真好，两个儿子都考到美国留学了。但是遗憾的是，甲并没有感到开心，反而是乙的两个儿子每逢节假日就开车看自己的母亲，接母亲出去玩儿，大事小情照顾得非常好，乙日子过得非常开心。也许你说，不要紧，甲移民到美国就行了，就能享受天伦之乐了。这是好事还是坏事呢？是好是坏还不知道呢，你把一棵老树移植到另外一个地方，它很难活下去，它失去了适应自己的生态环境。甲适应了杭州的环境，到美国后水土不服、语言不通、没有朋友，这是天伦之乐吗？所以说是好是坏还不知道呢！

> 喜鹊以树上的虫子为食物。在清华大学的荒岛上,一只喜鹊运气特别好,它竟然在池塘边抓住了一只泥鳅,泥鳅还比较大,它用嘴横着叼住泥鳅,没法吞咽下去。它飞到池塘边的草地上,因为有人散步,它不敢停留。飞到树上,它知道树的底部会有大的地方放置那只泥鳅,却没有找到合适的地方。它叼着泥鳅沿着树干往上跳,小的树丫不敢放,它怕那样泥鳅会掉下来。它跳到了树梢上,也没有找到合适的树丫。它飞走了。到了池塘的另外一侧,另外一侧草地上也有人,它又重复了以前的过程:草地、树根部、树干、树梢、飞走了……

这只喜鹊最终能吃到泥鳅吗?

这只喜鹊幸运地抓到了一只泥鳅,对它来说是好事还是坏事呢?

由于"是好是坏还不知道呢",所以一个人可以在任何状态下都实现平衡。顺境中不会大喜过望,逆境中也不会大悲过度。决策时也会充分听取各类意见,努力做到决策时有利方面多于不利方面。

> 和尚和屠夫是邻居,和尚起来敲钟,屠夫起来杀猪。两个人商量相互叫醒,他们死后,和尚进了地狱,屠夫进了天堂。原因是:和尚天天干坏事,让人起来杀生。屠夫天天干好事,让人起来精进。

我们改变不了事情,就要改变对事情的态度。

向屎壳郎学习

> 法国纪录片《微观世界》中，一个屎壳郎，推着一个粪球，在并不平坦的山路上奔走，路上有许多沙石和土块，然而它的速度并没有减慢。在路前方的不远处，一根植物的刺尖尖的，斜长在路面上，根部粗大，顶端尖锐，格外显眼。屎壳郎偏偏奔这个方向推去，它推的那个粪球，一下子扎在了这根"巨刺"上。
>
> 然而，屎壳郎似乎并没有发现自己已经陷入困境。它正着推了一会儿，不见动静。它又倒着往前顶，不见功效。它推走了侧面的一些土块，试图从侧面使劲，但是粪球依然深深扎在那里。
>
> 这时，它绕到了后面，轻轻一推，粪球从那根顽固的刺上脱身而出。
>
> 它赢了，没有胜利地欢呼，也没有冲出困境后的长吁短叹。赢了之后的屎壳郎，就像刚才什么事情也没有发生一样，它几乎没有做任何停留，就推着粪球匆匆地前进了。只留下观众在痴痴发呆。

生活中原本没有痛苦，人比动物多的只是计较得失的智慧以及感受痛苦的智慧。人是有智慧的动物，人用智慧控制世界，却很难用智慧来控制自己的情绪。人的智慧往往用来感悟情感上的痛苦。

人的本能是趋利避害的，所以主观上会回避使得自己痛苦的记忆。时间一长就忘记了过去的痛苦，"好了伤疤忘了痛"是人的本能。因此，让自己快乐的一个办法就是学会忘记痛苦的经历，就像什么也没有发生过那样对待自己。

> 有一位女士长得很漂亮,经过反复的选择终于和一位男士结婚了,没想到两年后她被男士抛弃了,更不幸的是他们的孩子也死了。女士万念俱灰,准备自杀。她选择了跳海,就上了一艘船,船开到大海中,她准备跳下去。船长问她:"姑娘,两年前你是啥样子?"女士自豪地说:"两年前我是单身贵族,一个人吃饱全家不饿,我既没有先生的拖累,又没有孩子的烦恼。现在悲惨了,我既没先生,又没孩子。"船长说:"我看你和以前一样呢!两年前你没有先生,现在你也没有先生;两年前你没有孩子,现在你也没有孩子,你和两年前一样漂亮,有啥想不开的,从头再来。"船长的话把女士给逗乐了,女士不想跳海了,从头再来,就当啥事也没发生过。

一个人在情绪受到巨大冲击的情况下只要不做三件事情就没有什么过不去的:一是不杀自己,二是不杀别人,三是不被别人杀。受到情感冲击的人有时是什么道理都明白,就是不能摆脱痛苦,这个时候劝说是没有用的。有两个路径解决这个问题:一是时间,二是分散注意力。时间是伤疤的磨石,通过时间的磨砺,情感的伤疤就会被磨平。分散注意力是解脱痛苦的又一个路径,通过参加活动,分散自己的注意力,使自己没有时间忧虑。

"临在"自己身边

一位女士,为了吸引注意力在微博里放进了自己的隐私,

> 立刻引来了注意力。但是随后有人骂她做的事伤风败俗，接下来所有上她微博的人都骂她。她无地自容，想一死了之。觉得全世界所有人都在骂她。后来她走到街上去，发现没有人认识她，也没有人骂她。她突然发现原来网络上的她和现实的她是两个人，她也发现网络上的那个自己怎么那么讨厌呢？这样她才得到了解脱。

"临在"是说：我们都是过客，一切都不必介意或往心里去，达到无所在的境界，心中的智慧之门就开启了。观照自己，观照自己的内心世界。因为不脱俗而有俗事所烦，因为脱俗而有不能解脱之烦。必要时何不处于中间，没有快乐也没有烦恼。

成为自己的旁观者，"临在"自己身边，是自己救自己的最后一根稻草。

工作是游戏

请你考虑一下，一项娱乐活动是否对所有在场的人都是休闲？不是的。假如你同朋友唱卡拉 OK，你五音不全又自我陶醉，那就只有你自己高兴而别人是痛苦的。为你提供服务的人是做苦工而不是娱乐。打保龄球时，你是娱乐，但是为你提供服务的人是劳动。因此，一项娱乐活动不是对所有人都是休闲。根据这个原理，我重新定义工作：把工作当游戏，但是要像小孩游戏那样认真。

世界上缺的是认真，如果一个人能一直保持认真，那么他就是稀缺的人。歌德曾说："虔诚不是目的，而是手段，是通过灵魂的最纯洁的宁静达到最高修养的手段。"

人生有三种：劳动人生、游戏人生、体育人生。

劳动人生只有辛苦没有快乐，游戏人生只有快乐没有痛苦，体育人生既有娱乐也有辛苦。

我觉得这些观点对一个人的心态有很大的影响。世界上不如意的事情十之八九，如果我们整天为了这些不如意的事情悲观沮丧，找不到活下去的理由，那么整个人生就会一片灰暗。但是一旦我们积极调整心态，看到未来美好的一面，看到眼前我们曾忽略的风景，改变对事物的固有看法，我们会活得更加开心，觉得生活更加有意义。

> 周威刚到北京的时候，从一名学子成了一名职场新丁。他在北京举目无亲，工作也不是特别顺利，再加上自己的不成熟，心态还没有调整过来，所以茫然失措，看不到未来，而且同学朋友还比较少，一个人特别苦闷。
>
> 后来他把这些心里话告诉了远在南方的姐姐，她就开导他："一走出学校大门就能进北京工作，而且解决了北京市户口，这和同龄人相比已经算是走运了。你目前应该调整心态，一方面可以享受中国首都国际化大都市的现代生活，另一方面可以在目前与同事关系融洽的前提下，尽可能多学习别人的工作经验，为自己的未来打好基础。"
>
> 他听完深受启发，努力跳出自己工作生活的小天地，周末和同事、同学一起登长城、爬香山、游颐和园，吃北京小吃，学北京人的京腔京韵，慢慢地再也不觉得北京是一个陌生的城市，反而觉得北京真的很不错，这里既保持了古都的历史文化，又具有国际化现代大都市的气息，整个城市大气、厚重，又不失活泼、朝气。而他所住的城区正好是朝阳区，以前看到太阳

升起没有什么特殊的感觉,而现在变换了心态之后,每次清晨骑着自行车上班的时候,看到太阳一点一点地从天边升起,心情就会变得特别好,感觉自己也像这朝阳一样有活力,每天都精神抖擞。

工作上他努力向老员工学习,学习他们的社会经验,学习他们在实践当中总结出来的技术和方法。经过一年的努力,付出终有回报,他的成绩得到了大家的认可,被评为"优秀员工",还被提升为财务主管。

当一个人改变对事物的看法时,事物和其他人对他来说也会发生改变。如果一个人把他的思想指向光明,就会很吃惊地发现,他的生活在变得光明。思想对人的禁锢超过监狱,人往往自我设限,用一个虚构的笼子罩住了自己,需要自己跳出笼子或者别人打破笼子才能够出来。

如果有一种工作,三个月不能回家,例如看护油井、信号塔,谁上去都会感到痛苦、寂寞。如何让这种枯燥变成乐趣?解决的路径就是派员工去工作岗位之前先让他们学习乐理、乐器,三个月下来就是成熟的演奏家了,或者学习烹饪、书画,有了这样的基础,就会化时间的枯燥为乐趣了。

警察的职责是维护人民的生命财产安全,是高尚的职业、但是警察的工作压力大,随时准备出警,会面对各种危险。由于压力大,警察也需要解压。解压的路径之一就是:把工作当游戏并且认真游戏。童年时如果最喜欢玩的游戏是当警察抓小偷,现在的工作就是实现了童年的梦想,我们忘记了梦想才会感到压力。如果用童心应对现在的工作,就不会有太大的压力了。

穷的时候最大的希望是下馆子,现在不穷了,天天下馆子。不是请别人就是被别人请。结果每天下馆子叫作应酬,但"酬"却是"愁",还可能研究对手:"他能喝几瓶?"过去是"酒逢知己千杯少",现在是"酒逢千杯知己少"。虽然酒桌上确实能加强沟通,但是带着"郁闷"的心情喝酒,人的状态就会发生改变。对这样的人不要嘲讽他,因为他是为了组织的利益,不得不与大量的利益相关人花大量的时间吃大量的"好东西",要对他的"牺牲"表示同情。刺激变成程序就成为单调,刺激过度还会成为负担。

> 两个刚成年的蟑螂出去玩,过了一会儿,大蟑螂垂头丧气地回来,其他蟑螂就问他怎么了,他说:"人类太不友好了,见面就对我喊,'害虫'!"过了一会,小蟑螂也回来了,兴奋地对其他蟑螂说:"人类简直太热情了,见面就和我打招呼,'嗨,虫'!"

同样的事情如果看问题的角度不同,那么结果也就不一样。当然,我们并不提倡装疯卖傻,而是要努力提高自己生活的适应能力,因为能力是保持阳光心态的前提。事事都干不好,总是把事情搞砸,如果还能保持良好的心态,那就是麻木不仁,那就是真愚了。

> 抗日时期有一对夫妻有两个女儿,一个儿子,为躲避日本人的迫害整天东躲西藏。村里很多人受不了这种折磨,有的人甚至想到了死。妻子就对其他人说:"没有过不去的坎,日本鬼子不会总这么猖狂的。"她终于熬到日本鬼子被赶出中国的那一天,但他们的儿子得病死了,她的丈夫不吃不喝在床上躺了两天,她含泪对丈夫说:"儿子没了还能再生,没有过不去的坎。"刚生了第二个儿子,她的丈夫又患病去世了,她依然挺了过来,

> 她对三个孩子说:"爹死了,娘还在,你们不要怕,没有过不去的坎。"她含辛茹苦把孩子养大,生活逐渐好转,在她的影响下,孩子都养成健康向上的性格,并且事业有成。但不幸再次降临到她身上,在照看孙子的时候,不小心摔断了腿,由于年纪大不能手术,她只能躺在床上,即使这样她也没有怨天尤人,她每天在床上免费给人做针线活,教人刺绣,她的家里总是传出一阵阵的笑声。她活了86岁,临终前她对儿女们说:"都要好好过,没有过不去的坎。"

是好是坏还不知道呢,是说事物是一分为二的。有有利的一面也有不利的一面,一个人既可能是好人也可能是坏人。

时间是最大的魔法师,可以把如花少女变成老太太,把英俊少年变成老头。可以把穷人变成富豪,把富豪变成穷人;可以把错误的变成正确的,把正确的变成错误的。可以把黑的变成白的(褪色),也可以把白的变成黑的(污染)。把快乐变成痛苦,把痛苦变成快乐。时间可以让伤口愈合,让疾病痊愈。

因此,随着时间的流逝,状态就会改变了。

所以,好的事情抓紧做,当遇到不尽如人意的事情时,在情感痛苦冲击的峰值上不采取极端的行为,过一段时间就好了,没有过不去的坎。

让自己承受冲击的自我心理暗示原理就是:"是好是坏还不知道呢!"

是好是坏还不知道呢,会让自己平安度过挫折时期。时间会使伤痛痊愈,给时间一个机会。无论情况多糟,它都会过去的。

人的本质是向上的,每一种行为都有其积极的动机。因此批评人时要对事不对人，不能对人进行人身攻击，诸如"你怎么这么笨"之类的话会严重挫伤对方的自尊心。掌握这个原理可以把指责型管理变成理智型管理。在任何时候，当我们同人和环境打交道时，我们都是在大量的假设前提下运行的。

没有人乐于做出最糟糕的选择，人们都会做出在他们看来最佳的选择，虽然在别人看来这个选择可能很糟糕，但是他们自己却认为是最好的。所有行为都是适合当时背景的选择，虽然这种行为可能是负面的、具有破坏性的，但是对于我们当时的心理状态、能力、经验、资源、环境、价值观、目标而言，的的确确是最佳的选择。

不要用今天的眼光和标准去抱怨和悔恨过去的决定。当时的经验和眼光决定了当时的选择是最好的。所以，不要后悔。用今天的眼光看待过去的决定，会发现过去怎么那么愚蠢呢，对过去的一切会感到后悔。假设再重新活一遍，结果又会如何呢？

一个词，不是它所描绘的事物；一张地图，不是它所描绘的地方；一个符号，不是它所代表的东西。表象不是事实，地图不是地球，照片不是本人。风景画不等于风景，它只是风景的部分信息而已。

对同样的问题不同人会有不同的见解，原因就是他们掌握的信息不同，虽然意见不一致，但是他们都没有错。

由于信息不对称，无论我们做什么或者说什么，我们都将在某种程度上被人误解，我们也会在一定程度上误解别人和事情。由于两个人信息不对称，沟通变得很难，因此容易发生争执，站在高处俯视他们，就会发现他们都很可笑，也很可怜。到底谁是谁非还不知道呢！

盲人摸象中的几个盲人对大象的描述都是对的，他们接触到的信息都是真实的，大象的腿确实像柱子，大象的尾巴确实像绳子，大象的肚子确实像一面墙，所以说谁对大象的描述错误，都是不对的。现实案例就是一头大象，任何人看到的只是大象的一部分，都是有道理的，只不过权威者看到了更多一点而已。

如果一件事情不是按我们预先设想展开的时候，我们就会把这一结果看作是失败，导致我们产生负面心态。事实是：没有失败，只有结果。不要说"我失败了"，而是说"这不是我想要的结果"。没有失败，只有反馈。

"是好是坏还不知道呢"让我们拥有强大的内心。

很多人的焦虑和恐惧源于内心的脆弱。对于一个人来说，内心的强大才是真正的强大。

内心强大的人知道自己想要什么，不会进行无聊的攀比，也不会总是患得患失，于是就少了些焦虑和不安。人生是一段充满风险的旅程，永远逃避风险的人看不到最美丽的风景，也无法获得真正的自由和安宁。人生最大的悲剧就是对自己失去信心，而信心则是在承受着风险和压力、在不断的失败和挫折中磨炼出来的。

巴菲特刚结婚的时候没有自己的房子，连他初生的孩子都要在桌子的抽屉里睡觉，他恐怕没有为此焦虑过，因为直到有钱后他也没想过购置豪宅。索罗斯在上大学时因为贫困差点辍学，尽管如此，他仍两次觉得所学的课程不适合自己而转修其他课程，毕业后找了个专业不对口、当时很被人瞧不起的交易员的工作，终成一代"金融大鳄"。他应该也没有为工作不稳定而焦虑过，因为他从来就没想过要稳定，追求的是能让自己获得真正自由的理想事业，这一点即使穷困潦倒时他也未放弃。

上帝是公平的，给一个人的总量是固定的。过去给少了，后来就给多点。这方面给多了，那方面就给少点。

一位银行行长说他这一辈子都是在起早贪黑吃不饱中度过的：

小的时候家里穷吃不饱,现在奋斗到了省行行长的位置,因为三高还是吃不饱。

"是好是坏还不知道呢",这个理念用在经营企业上仍然有效。

《红楼梦》里有一句话说贾府"大有大的难处"。随着企业的扩张,实力不断增加,员工很容易产生优越感,导致沟通成本上升,运营效率下降,继而引发大企业病。

郭台铭说:"每天管理100万人是最难的,人文关怀与工业化低成本的矛盾难以调和。"

韩国的大宇公司,一度滋生了"大马不死"的心理,认为企业规模越大,越能立于不败之地。大宇无限制地进行"章鱼足式"的扩张,最终资不抵债,于2000年1月8日宣布破产,汽车业务被美国通用汽车公司收购。

通用电气也患过大企业病,是20世纪80年代的"经济恐龙",随着业务的扩张,销售额大幅上涨,但是投资效率却在下降。杰克·韦尔奇觉察到企业对市场的反应速度滞后于市场变化的速度,在财务状况良好的情况下主动进行重组,通过根除官僚主义、精简机构和激励员工,使得通用电气的市场价值由原来的120亿美元飙升到如今的4 000亿美元。

同样是大企业病,一个走向了死亡,一个创造了奇迹。区别在于:太把自己当回事而疯狂扩张,导致大宇破产;而以杂货店心态经营,让通用电气变得精干灵活,提升了竞争力。

柯达公司于2012年1月19日宣布破产。原因是它是行业老大,131年的历史,有众多的机构和客户依赖于它,而且它是模拟胶卷的标准制定者,有无数的专利。过于固守自己的"老大"地位和形象,以为会基业长青,结果被数码技术拉下了马。更可悲的是数码照相技术是柯达1975年发明的,当顾客的消费偏好发生转移的时候,柯达没有用创新适应市场的变化,导致了它的溃败。

乔布斯说:"每个事物都有不好的一面,一切都有意想不到的后果。"在经济全球化的驱使下,跨国公司必然寻求廉价劳动力而在全球建立生产基地。国家鼓励自己的企业走出去,进行跨国经营,成为跨国公司。美国的制造业在 GDP 中的比重,从 1990 年的 24% 下降到 2007 年的 11.6%,这导致了严重的失业现象。

> 智者千虑,必有一失。
> 没有不败的将军。
> 企业没有成功,只有存在。
> 个人没有成功,只有状态。

第二个工具

享受过程

生命是一个过程而不是一个结果，如果你不会享受过程，结果最后会是什么大家都知道。享受过程，精彩每一天。

CHAPTER 2

生命是什么

生命是一个过程而不是一个结果,如果你不会享受过程,结果最后会是什么大家都知道。享受过程,精彩每一天。生命是一个括号,左边的半括号是出生,右边的半括号是死亡,我们要做的事情就是填写括号,填写什么你的生命就由什么构成:填写痛苦,你包裹着痛苦离开世界;填写快乐,你满载着快乐走完人生。

假如一个人生活了 100 岁,一年 365 天,他大致能活 36 500 天。一天数一个数,一共能够数 36 500 个数。曹操说:"对酒当歌,人生几何,譬如朝露,去日苦多。"

要用靓丽多彩的事情把括号填满,如图 3 所示。

当我画出生命括号的时候,我发现人生实质上是存在于两个字之间的,你能够想象是哪两个字吗?生与死。期间的距离大小不能完全由自己做主,但是内容可以由自己把握。生命是别人的,过程是自己的。犹如朋友之间打牌、打球、下棋,输赢没有什么价值,享受的只是过程。

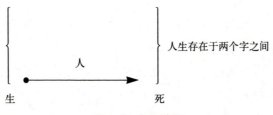

图 3 生命是括号

云南丽江有一个四方古城,城南有一眼泉,流过城市到城北,浇灌土地,这个古城气候宜人,土地富饶,物产丰富,人

> 们生活悠闲，节奏慢悠悠的。有一个英国绅士看到这里的人们生活悠闲，就问一个老太太："夫人，你们这里的人生活节奏为什么那么慢？"老太太说："先生，你说人最终的结果是什么？"英国绅士想了想说："是死亡。"老太太说："既然是死亡，那你忙什么？"

人生所有活动以喜剧开始，以悲剧结束

从大跨度的视野看人生，人生所有的喜剧都会以悲剧结束。这听起来多么荒唐，但我来说给你听。一座高楼平地而起，多么壮观，但寿命只有100年，100年后就会倒塌。婚礼是喜庆的，但是多少条道路在等待这对年轻人？可能离婚，可能把美好变成坟墓，可能一个先死另一个或鳏或寡。小孩出生大喜，又有多少条路在等着他？即使顺利活到80岁，他还要死，那时自己痛苦，子女痛苦。

所有的楼房都要倒塌，所有的生命都要老化，所有的靓仔都要变成老头，所有的美女都要变成老太太，所有的绿草都要枯黄，所有的鲜花都要凋谢。

既然所有的喜剧最终都以悲剧结束，那为什么还要生存，等着走向悲剧的结果呢？

生命是个过程，不是结果。如果不会享受过程，结果到了，悲剧就出现了。在喜剧演变成悲剧的过程中请享受过程。

如果通过改变态度，把悲剧看作是喜剧，把死亡也看作是喜剧，将是一个人最大的阳光心态。

既然生命就是填括号的过程，如何去填括号呢？

- 延长积极情绪的时间
- 缩短消极情绪的时间
- 降低不良情绪的力度
- 创造点滴的快乐时间
- 减少不良情绪的次数

在追求快乐时光时，要记住古人教给我们的人生箴言：

> 一寸光阴一寸金
> 寸金难买寸光阴

大块的、整段的快乐，在生活中是很难获取的，但是快乐又是生命的本质，所以要把快乐当作需要主动积极争取的宝贵机会，就像争取财富和权力一样。不能因为快乐的时间短暂、零碎就不屑捕捉。一旦有了高兴的事情就赶紧高兴。不要让过去的痛苦抹杀了今天的快乐，也不要让明天的忧虑抢夺了今天的高兴。与往事干杯，与未来交友。

如果你的心不快乐，这个不快乐的磁场会释放出不快乐的电磁波，会影响你亲近的人，包括亲人、朋友，你会给他们的情绪产生压力，他们也会因你而减少快乐。久而久之，他们亲近你的程度就会减少。因为，生命的本质在于追逐快乐躲避不快乐，趋利避害。你的友情和亲情会减少，你会渐渐丧失玩伴和谈话的伙伴，结果导致孤独。

俗语说："久病床前无孝子。"

如果生病了的老人能以阳光心态应对，把生病当作人生命中的正常现象，别把自己肉体的痛苦变成子女们精神上的痛苦，会对子女有鼓励和榜样的效果，后代也就不再害怕疾病和死亡了，孝子也会越来越多。

如果你能够产生快乐，你就产生了具有亲和力的磁场。

你有空时最可能给谁打电话？会打电话给一个能够给你带来快乐的热情洋溢的人。让你打电话给可能给你带来痛苦的人，甚至给你带来麻烦的人，你一定会很抵触与他联系。

生命如向日葵，快乐如阳光；葵花朵朵向太阳，心灵个个向快乐。

当假日来临的时候，我们会积极准备，到能让我们快乐的地方去。

让别人因你而快乐，是你对别人善；让动物因你而快乐，是你对动物善；让环境因你而美好，是你对环境善。善待万物就是万物因你而快乐。让心快乐是对自己善，让心不快乐是对自己不善。自己也是万物之一，既要善待万物，更要善待自己。

阳光心态是善！

你这颗心是妈妈给的，你的这颗心也是妈妈的心，你的心苦就是妈妈的心痛。善待自己这颗心，就是善待妈妈，就是孝，更是善。

阳光心态是孝！

生命如同旅游

怎么享受生命这个过程呢？把注意力放在积极的事情上。我把生命比作旅游，把记忆比作摄像。

注意决定选择，选择决定内容。旅游的特点是从原点出发再回到原点，旅游就是从自己待腻的地方到别人待腻的地方去看看。

去厦门一定要到鼓浪屿,到了鼓浪屿一定要到日光岩。到了日光岩一看,一块不足15平方米的岩石上面挤满了人,多得都要把人挤下去,待不了2分钟就要下来。花了一个星期的时间,在日光岩上只待了2分钟,如果从结果上看,一点也不值,但是过程重于结果。

> 有甲、乙两个人看风景,开始的时候你看我也看,两人都很开心。后来甲耍了一个小聪明,走得快一点,比乙早看一眼风景。乙一看你想比我早看一眼,就走得更快一点,超过了甲。于是两人越走越快,最后跑起来了。原来是来看风景的,现在变成赛跑了,沿途的风景两人一眼也没看到,到了终点两人都很后悔。

生命的本质是追求快乐而不是比赛。

旅游的特点是过程比结果重要。

> 刘琉在"十一"前,看到广告上有一条心仪已久的旅游线路,于是就报名了。和其他团员在飞机场碰头的时候,见到他们这个团的团员,都是成双成对的,背着很多行李,很多细节都想到了。他想这些团员应该是老"驴友"了。
>
> 旅游刚开始的时候,还都是在一些条件比较舒适的地方,团员们也都很开心,过了三四天,进入到山区,吃、住的条件变得非常艰苦,很多团员的心态开始变了,有些游客发起牢骚,加上旅游线路上有些风景由于季节的原因也没有宣传得那么好,不少团员开始失去信心,只希望游览快点结束,早点回到住地休息,连一些当地特有的风情都不再感兴趣。这样不光自己没

> 有欣赏到西北美丽的风景,同时也影响到了这个团所有成员的行程和情绪。
>
> 刘琉就用一些旅行见闻与这些团员分享,希望他们能振作精神,珍惜这几天旅行的大好时光,不过多地关注物质生活的艰苦。有些旅客经过开导,渐渐放宽了情绪,去领略大自然的美好,因为有了乐观的心情,所以他们也就没有失望。

我问清华大学的一个 MBA 班的同学:"你穷还是不穷?"他告诉我:"太穷了。"我告诉他:"你赶紧旅游去。"

如果你现在还比较穷,建议你抓紧去旅游。当你穷的时候,你必须用自己的两条腿去体验旅游的全过程,你没有钱坐飞机、出租车和缆车,你就能体会到达终点的全过程,而且你穷的时候是年轻、身体比较好的时候。将来你一定会更有钱,旅游产品也可能因为竞争而降价。当你有钱的时候你就不会再劳苦自己的腿登山了,而是一路飞机、小车和缆车高歌猛进,把自己运到山顶,然后发现也没有多少风景可看,由于没有路途中平淡无奇的比较和等待,也就缺少了对美景的感受和体验。

然后在清华大学 MBA 班的学生中就流行了这样一句见面问候语:"你穷吗?那就旅游去。"

天伦之乐在于过程

现在的人结婚都比较晚,孩子都比较小,有人就说:"你的孩子多大了,怎么这么小啊?啥时才能'出锅'啊?"你问:"'出锅'后干吗?"他说:"考大学啊。"你又问:"上了大学后又干吗?"他说:"出国啊。"你接着问:"出国后干吗?"他说:"结婚给你生个孙子呗。"

如果你现在孩子小,我向你表示热烈的祝贺,因为你可以享受带小孩的过程。你要学会享受这段过程,他在你的怀抱中对你笑,对你哭,你会觉得很好玩。长大一点后他学会了下棋,总想赢你,当然就要耍赖,他耍赖的样子会让你很开心。术语叫作改变博弈,当发现博弈对自己不利的时候,成人也要运用改变博弈。小孩在十二三岁之前是完全属于父母的,以后逐渐被小朋友分享,再往后被另一半分享,最后被社会分享了。所以,带小孩享受到的只是个过程。

> 北京郊区一个老头,有四个儿子,家里穷得叮当响,老头夏天一根冰棍也舍不得吃,从来没进过城,没看过天安门。老伴过世了,他一个人苦苦拉扯着四个儿子,心想等儿子都长大了,一定要进城看看天安门,好好吃一回冰棍。后来儿子大了,老头得了严重的糖尿病,不能吃冰棍了,还要按时打胰岛素,天安门也不能去了。老头每天躺在床上忧心忡忡,唉声叹气,见到儿子就说:"我这一辈子干吗来了?天安门没看过,冰棍没吃过。"儿子说:"冰棍谁不让你吃了,现在我们谁还吃那破玩意儿。天安门谁不让你去了,你去啊。"老头一看儿子不领情,气坏了。后来老头总结出一条道理:对待儿女要十分能力用七分,留下三分给自己。

老人家的意思是说不要把子女的事情全办了,大树底下不长草,如果对子女的帮助太多并且子女感觉来得太容易,他们不光得不到锻炼,要求还会越来越高。儿孙自有儿孙福,父母不必做马牛。

有些父母就怕孩子摔了,碰了。孩子见了人不会说话,那就别说了,妈妈替你说吧;孩子不会办事,那就别办了,爸爸替你办了。

孩子长到 30 多岁，见人话也不会说，事也不会办，父母着急了，见了孩子就骂，你怎么就不像我们呢？孩子这样都是父母培养的结果，他见人不会说话，你就不让他说，那他就永远也不会说话；他办事办不好，你就不让他办，你就剥夺了他学习的机会。如果领导者太强，把所有的事情都办了，下属的能力肯定有限。

让他大胆地去闯：只要他不伤自己、不伤别人、不破坏东西，尽可以放手。磕磕碰碰才会更结实。

由于计划生育，一般家里只有一个小孩。过去的习惯是大人说话不允许小孩插嘴，这个习惯现在要改变了。我同太太聊天，小孩过来插嘴，我太太说大人说话小孩不要插嘴。我说咱们家就三个人，他不同大人说话又同谁说呢？

小孩说什么不重要，重要的是"说"这个行为本身。这样能够锻炼他的语言能力和智慧。成人的谈话内容更多的时候也是无用的，只是为了沟通而已。

天伦之乐实质上就是一个过程，过程的每个环节都像一枚硬币，哪个面朝上都有可能。换个角度就可以找到快乐了。

还给孩子快乐的童年

由于残酷的竞争，导致成人世界的孤独，孩子世界的冷漠。

为了有竞争力，一个组织强调团队协作，但是在团队内部也会引入竞争机制。竞争产生了活力，也产生了两个副产品：孤独和冷漠。

洛克菲勒招呼他的小孙子："到爷爷这里来。"孙子热情地扑过来，爷爷却躲开了，孙子摔在地上伤心地哭着。洛克菲勒说："在这个世界上你不要相信任何人，包括你的爷爷。"这样的故事广为传播后，更加强了人的孤独感。

没有一种思想在所有的情况下都是对的。即使是对的思想，也是有限度的正确。传播洛克菲勒故事的时候要加上"有时候"。

所有的管理理论都是盲人摸象，无论多么优美的理论，都只是对复杂事情的一个片面的解释。

一个7岁的男孩告诉我他活着没有意思，也有一个女士告诉我说她的女儿也说活着没意思。要想孩子活得有意思，就要研究在什么情况下孩子活得没有意思。

孩子上了幼儿园，如果幼儿园的老师对孩子不是很好，孩子又不会表达，可能只是说不喜欢上幼儿园。如果你的孩子不爱上幼儿园，那一定是他在那里不开心、不快乐。因为心向着快乐的方向，童心本率真。

孩子上了小学，如果学习不好，会拖累全班的成绩，校长会扣罚老师的奖金，因此老师会严格对待孩子，告诉孩子的父母，孩子学习不好。孩子回到家里家人对他不好，因为他不像想象的那样争气。社会上不认识的人对他不好，因为他是别人家的孩子，还可能把他当作自己孩子的对手。孩子觉得在这个世界里他是不受欢迎的，因此他活着也就感到没有意思。

今天孩子受教育，已经成了填鸭式，甚至超过了他们能承受的限度，他们可能把"教育"这个词当作负面的词汇来理解了，一听到"教育"，他们就会感到"恶心"。

适度的教育是培育，过度的教育是摧残。

今天的教育，剥夺了孩子的童年，摧残了孩子的健康，破坏了孩子的视力，把他们的脑子里塞满了许多无用的"知识"，让他们读完了大学，然后把他们变成了"蚁族"，谁干的？

虽然残酷的竞争现实我们没有办法改变，但是在力所能及的时候,我们为人父母的还是应该尽可能多地给予孩子幸福的童年。善待另外一个生命,也等于是善待自己的孩子,也是在积德。

一位男职工深有感触地说:"今天晚上我回家的第一件事情就是拥抱我的儿子,因为长期在外工作,我和儿子很疏远,我要用阳光心态提供的方法,走进儿子的心里,让家庭气氛变得更融洽。"

一个母亲当天晚上热情拥抱了她的女儿,女儿高兴,她自己却哭了。她说:"我是我女儿在这个世界上的力量源泉,如果我再冷漠地对待她,她肯定觉得没有依靠。"

我的一个女同事,经常加班,回家很晚,女儿热情迎了上来喊:"妈妈抱。"妈妈说:"妈妈太累了,自己玩去,好孩子。"女儿不甘心,拿来书:"妈妈给我讲故事。""妈妈太累了,自己听录音机,女儿乖。"孩子满腔热情换来了冰水浇头,一旦这样的次数多了,这个孩子长大了,可能也不会去关怀别人,因为她的心田上从小就没有培养起情感的沃土。

孩子从小受到了善待,他长大了就会善待别人。他会做老板、做官员、做医生、做教师,他会做一个有用的人,他会善待他周围的人和遇到的人。

{ 有阳光心态:沙漠变绿洲,铁心变肉心,人收心归人心。}

今天的科学使得我们知天知地、知微观知宏观、知过去知未来,但是我们不知道人。如果你告诉别人你很痛苦,别人不懂:"你有啥可以痛苦的?"如果你告诉别人你很快乐,别人也不懂:"你有啥值得快乐的?"主要是我们的心越来越封闭,越来越孤独。所以要有阳光心态。

阳光心态产生正向的影响力

你对这个世界微笑，这个世界就会对你微笑。

你愿意见到一张冷冰冰的、拉长的脸吗？这张脸看上去令人不愉快，好像谁都欠他钱不还的样子。你愿意见到一个冷漠地看着你，一句话不说的人吗？似乎他一直在挑剔你。

解决的路径是内心充满祥和喜乐，拥有阳光心态，脸部和眼睛的表达自然就优美了。

阳光心态要靠悟性，悟性就是把知识运用于实践的能力，是产生知识、灵活应变、创造知识的能力。

一个人拥有阳光心态，自己乐观积极，对周围的人热情帮助，就会有口碑，就会影响别的部门的人对你的态度，虽未谋面，心已相通，心通则路路通。

心力就是隐形的翅膀，会带你起飞。

善有善报，但是要厚积薄发，积累到一定程度，回报才能够发生。冰冻三尺非一日之寒，冰消融非一日之功。一步一个脚印才能够稳健地走向未来。你拥有阳光心态，善待周围的人和事情，不张扬，只是温和地做，你就会拥有良好的口碑，别人见到你就等于见到了阳光心态。别人对你形象的传播，使得你已经在其他人那里产生印象了。

第二次世界大战中的一天，盟军最高统帅艾森豪威尔乘车回总部，参加紧急军事会议。那天大雪纷飞，天气极冷，车一路飞奔。忽然，他们看到一对法国老夫妇坐在路边，冻得发抖。他立刻命令翻译官下去问问。一位参谋连忙说："我们得按时赶到总部开会，这事留给当地警方处理吧。"艾森豪威尔说："等警方赶到,这对老夫妇就冻死了。"原来这对老夫妇是去巴黎投奔儿子的,车在路上抛锚,前不着村后不着店,正不知如何是好。艾森豪威尔立刻请他们上车,特地绕道将他们送到了巴黎才赶回总部。

艾森豪威尔根本没有想过行善图报,但是他的善良却得到了意想不到的回报。原来那天纳粹军队已经预先埋伏在他的必经之路上,只等他的车一到就立刻实施暗杀行动。如果不是因为帮助那对老夫妇而改变了自己的行车路线,他恐怕很难躲过这场劫难。假如艾森豪威尔遇刺身亡,第二次世界大战的历史将改写。

善待万物,万物就善待自己。

盲人打灯笼,照亮别人,也照亮了自己。

常回去给家人看看

给初为人父为人母的年轻父母的忠告是:在小孩小的时候应该多抱抱他们,因为长大以后他就不再让你抱了。12～13岁的小孩仍然需要父母去抱他,这个时候小孩最大的特点是逆反。父母这时就会着急,巴不得他快点长,到18～19岁就不逆反了。

我的观察是:千万不能着急,因为小孩成长过程中的主要依靠是父母,长成以后他们要去闯一番自己的天地,让他回家看看他都不愿意了。有一首歌是陈红唱的,叫作《常回家看看》,在她歌曲的影响下,我们会常回家看看,但是这首歌不再流行了,又想不起来回家看看了。建议歌手唱下一首歌,就是《常回去给家人看看》,你长大了不想看他们,但是他们想看你,所以你要常回去给家人看看。为此,我创作了以下歌词。

常回去给家人看看
常回去给家人看看
带着阳光心态回家看
把快乐送给妈妈
把幸福送给爸爸

常回去给家人看看
带着阳光心态回家看
亲朋相聚亲情为大
快快乐乐在当下
把烦恼带走离开家
把阳光心态留下
把温暖常留在咱家
把阳光洒满天下

过去的"常回家看看"把家里当作卸载压力的地方了,把生活的烦恼给妈妈,把工作的压力给爸爸,这种态度把自己当成了弱者,而忘记了父母已经指望自己成为社会上的强者,他们的腰已经被压弯了,不能再承受我辈的压力,而我们应该给他们支撑才符合孝道。

百善孝为先。你不想看他们,他们想看你,因此要常回家给家人看。好朋友许久没有见面了,这样打电话:"我们见见面吧。"这首歌能够把孝悌植入人心。过去同学亲朋好友聚会,会比较地位高低财富多少，实际上你的状态大家不见得不知道，亲朋好友相聚只是高兴在当下就可以了，没有必要比较，否则难以达到沟通感情的目的。

同学聚会的目标主要有四个：

- 我在你的记忆中找回我的过去。
- 你在我的记忆中找回你的过去。
- 创造又一个快乐的时光。
- 留给未来回忆。

孝分五个层次

按照马斯洛的需求层次理论解释儒家的孝，可以分成五个层次，如图4所示。

第一个层次的孝是物质需求方面，满足父母的要求，给父母需要的物质条件，让他们衣食无忧。

第二个层次的孝是安全，让他们没有恐惧地生活，不怕物质条件的丧失，不担心生病。

第三个层次的孝是交往，让他们有自己的交往圈子，子女常陪陪他们，他们也渴望子女常来身边。因为子女从小就在自己身边，空巢时就会心里空虚，所以子女常回家可以共享天伦之乐。

第四个层次的孝是尊重，把他们放在受尊重的位置，让他们时刻感到自己是重要的。

第五个层次的孝是自我实现，当他们提出自己的建议时子女表现出赏识和接受，等于承认他们的价值，哪怕自己对他们的建议不认可，也要做折中妥协的处理。这是最高层次的孝。

什么叫作自我实现？就是有价值，也就是有用。什么叫作有用？就是有能力并且被认可。老太太最大的抱怨是："嫌我老了，没有用了。"让老人感到有用，就是最高层次的孝。可以让老太太给她成长的孙子写"宝宝成长"日记，让老头讲电视里面传播的关于保健的常识，吃饭时让老头讲报纸上重要的新闻，让他们觉得自己是重要的。

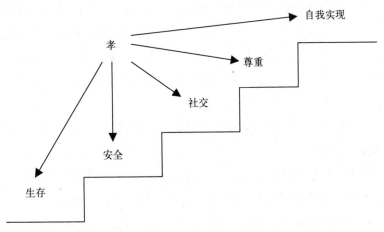

图 4　马斯洛需求层次理论与中国孝的对应关系

小孩就是种子

如何解决小孩逆反，父母心烦的问题？把小孩当作种子。种子下地了，埋在土壤里，它要往上长，它要把压在身上的土都顶起来，在这个过程中它茁壮成长，才能够抗风雨而收获。如果种子在土表面长大，它就不能抗风雨，更承受不了果实的压力。

萝卜种子很小，播种下去以后，种子就会长大。当种子长大的时候，土就要让位。如果土因为种子成长而坚决反击，搞不好就会把萝卜扼杀在幼苗期。

一个母亲回去对她15岁的女儿讲："妈妈今天懂得了一条原理，原来你就是个种子，妈妈的管理就是土壤，妈妈管你，你的顶是正常的。你顶妈妈，妈妈应该高兴，因为那证明你在健康成长。"

自己的成长对别人而言或许就是逆反，因为在破坏一个旧的平衡的同时要创造一个新的平衡。实际上小孩一直在逆反，刚刚来到这个世界上的孩子对衣服是逆反的，他们希望把物质上的约束挣脱。12～13岁的孩子开始有自己的思想，要从思想上的约束中挣脱。18～19岁的孩子身体和思想基本长成了，对父母的逆反就减少了。

参加工作以后又对制度和管理逆反，结婚以后又对婚姻的约束逆反。

人只要想改变就是在逆反，自己的成长对别人而言就是逆反。

善于自我教育的人会妥协而适应，情商不高、刚性较大的人就会倍感挫折。善于管理自己的逆反情结的人是适应能力强的人。

叛逆符合牛顿定律

牛顿提出三大力学定律。第一定律是惯性定律；第二定律是加速度定律；第三定律是作用力与反作用力定律。第三定律说：两个物体之间的作用力和反作用力总是大小相等，方向相反，并且作用在同一直线上。把牛顿定律用在社会学上，可以解释很多现象。

一个人对另外一个人发出指令，向那个人施加作用力，要求那个人改变运动方向，那个人就会产生反作用力，而且这两个力量大小相等,方向相反,这种现象就是叛逆,就是逆反。

树长歪了,你纠正它的方向必须向反方向用力。孩子成长有自己选择的方向,你干预了他,他就会反抗你。父母要有远见,预测孩子叛逆的方向是否是走向大志向的方向。

> 一个孩子,小学中学都喜欢漫画,在所有课堂上都画漫画,被老师批评,找家长一起教育孩子。但是孩子仍然有着强烈的画漫画的欲望。由于功课不是太理想,只上了一所普通大学,但毕业后却成了一个有成就的漫画家。
>
> 一个母亲向我诉苦,他的儿子上高一,极其叛逆,不喜欢学习功课,疯狂喜欢街舞,父亲又偏瘫,老师和校长管不了,母亲更管不了。他会把运动鞋放在屋内,母亲让他放到外面来,他竟然把鞋放在母亲的床头。问我怎么办?我建议她鼓励孩子的兴趣,支持他练习街舞,有可能小有成就。

这些故事给父母的启示是孩子一开始就要有自由的空间,去获得他们想要的生活,家长不应该过分限制他们的梦想,尊重孩子的兴趣,千军万马过独木桥的应试教育,会剥夺了一个孩子的童年,破坏他学习、求知的兴趣,甚至弱化了他的健康。虽然考试水平一流,却很难有大的成就。

现在的教育甚至还这样形容:"我如果给了你一个幸福的童年,你将失去体面的中年,还可能获得一个痛苦的晚年。"

> 孩子因为认识世界的方式与父母不同所以才会改造世界。
> 因为他们的思维方式与上一代人不同所以才会创新人生。

牵着蜗牛去散步

如何享受过程?牵着蜗牛去散步。由于残酷的竞争,人们为了生存与成功而忙碌,缺少心情体验生活的安逸。

有一个人成功而且忙碌,却感到烦恼。佛陀给了他一只蜗牛,告诉他要带着这只蜗牛去散步,不要松手,要牵着它。这个人走了一步,蜗牛跟在后边,爬得很慢,这个人命令蜗牛加油,蜗牛说"好的",可蜗牛大汗淋漓也快不了。这个人实在没有办法,观察周围的树,发现这些树的品种各不相同,叶子也长得不一样,树上还有鸟在叫,鸟也是不同的品种。这个地方的空气很新鲜,真是鸟语花香呢。过去怎么不知道呢?他突然醒悟了,佛陀不是让我牵着蜗牛去散步,而是让蜗牛使我慢下来。

当自己匆忙、焦虑的时候,设法使自己慢下来,在自己的书桌旁写上这句话:牵着蜗牛去散步。

星期五的早上8点,一位身穿牛仔裤、头戴棒球帽的年轻人,在华盛顿地铁站外的广场上,打开小提琴盒。把盒子放在脚下,并且抛进几美元,回过头来对着地铁口匆忙的人群开始演奏起来。在第63个人从这位小提琴手身边路过时,终于有一位男士短暂地回了一下头。一位妇女扔下了第一个1美元。第6分钟时有一个人停下来靠墙站着听他演奏。在这位小提琴手演奏的43分钟内,有7个人停下脚步听了至少1分钟,27个人把钱投进了盒子,1 070人从他的身边匆匆而过,尽管只有几步之遥，却似乎没有注意到这位演奏者。

而这位演奏者就是享有世界声誉的小提琴家乔舒亚·贝尔。他演奏的是一些最为出色的小音乐，使用的是一把1713年的小提琴。

这是《华盛顿邮报》特意安排的一次街头演奏，为的是想看看，在交通高峰期，人们会否停下忙碌的脚步，注意到音乐的美。

贝尔大笑着说："真是一种奇怪的感觉，那么多人实际上没有注意到我。"那天在演奏的43分钟内，他挣了32.17美元，而在他正规的演出中，他一分钟能收入1 000美元。

人们由于太忙碌了，急匆匆地走向既定的目标，却忘记了好风光在路上，不在终点。

生命的质量决定于每天的心境，改变态度可以使得自己经常处于良好的状态中。结果是别人的，过程是自己的。生命是一种过程而不是结果，学会享受过程，精彩每一天。

> 幸福就像一只蝴蝶，想抓时怎么也抓不到。如果你安静下来，它就会栖息在你身上。

如何牵着蜗牛去散步？我们在一个小时的上班路上能够享受阳光，欣赏路边的小草和鲜花；在遇到别人的不礼貌行为时一笑了之；在工作紧张的时候，能够享受工作的乐趣；在回到家里之后，能够忘记所有烦恼，对家人感恩，享受生活。塑造阳光心态将使我们的人生过程更加精彩，更加能够享受"过程"带来的快乐。

选择积极

人在做事情之前,需要先估计自己的实力,再使自己的实力发挥出最大的潜力。只要目标定得适当,自己总能够搜集到足够的资源,量力而行、量体裁衣。

人按照一贯的方式去做事,得到的结果也类似。如果以同样的方式做你目前正在做的事情,你就有可能获得同上次一样的结果,当然前提条件是环境没有发生变化。如果改变了做事情的方式,就会改变结果。例如,人在污染的环境下工作,就会得病。那么离开了这个环境就不会得病了。

人被动无奈,就产生了消极的情绪。选择了积极主动,就会获得积极的情绪。

这个世界总会有阴暗面,一缕阳光从天上照下来的时候,总有照不到的地方。如果你的眼睛只盯在暗处,抱怨世界黑暗,那是你自己的选择。选择什么你就收获什么。

把注意力放在积极的事情上,对于你来讲,你注意到的是发生了的事情,注意决定选择,选择决定内容,因此注意到的对你而言等于事实。

森林里面树倒下了,没有人听见,是有声还是没有声?禅师的回答是:"没有声音。"

我把生活比做一道大餐,充满酸甜苦辣各种味道,吃什么是你自己的选择,没有人强行往你嘴里塞东西。选择什么你就得到什么,选择积极得到开心,选择糟糕得到倒霉,选择态度得到结果。如果你快乐,你就会寻找能获得快乐的地方。如果你痛苦,你就会寻找不得不痛苦的理由。一个消极的人,会从好事情中找到不快乐。有什么样的态度,决定了你有什么样的人生。不以受害者自居,做自己的主人。

生活是选择。选择开心你得到开心，选择痛苦你就得到痛苦，如果你说自己是个倒霉蛋，你会找到无数的事实证明你绝对是个倒霉蛋。如果你认为自己是幸运的，你会找到足够的事实证明你就是幸运的。如果你想查一查池塘里有多少只鹅，就不会注意到有多少只鸭子。

心态是我们应对各种人生遭遇的态度，当你面对挫折、困难和胜利、成就时态度是怎样的？好的心态有助于成功，坏的心态毁灭自己。

> 1997年12月，英国报纸刊登了一张英国皇室查尔斯王子与一位街头游民合影的照片。这是一段戏剧性的相逢！原来，查尔斯王子在寒冷的冬天拜访伦敦穷人时，意外遇见了以前的同学。这位游民克鲁伯·哈鲁多说："殿下，我们曾经就读同一所学校。"王子反问："在什么时候？"他说，在山丘小屋的高等小学，两人还曾经互相取笑彼此的大耳朵。王子的同学沦落街头，这是一段无奈的人生巧遇。曾经，克鲁伯·哈鲁多出身于金融世家，就读英国贵族学校，后来成为作家。老天爷送给他两把金钥匙——"家世"与"学历"，让他可以很快进入成功者俱乐部。但是，在两度婚姻失败后，克鲁伯开始酗酒，最后由一名作家变成了街头游民。

我们不禁要问，打败克鲁伯的是两度失败的婚姻吗？不是，是他的心态。从他放弃"正面"的阳光心态那刻起，他就输掉了一生。

人生的态度比教育、金钱、环境更重要。查尔斯·史温道尔曾说："态度比你的过去、教育、金钱、环境……还来得重要。态度比你的外表、天赋或技能更重要，它可以建立或毁灭一家公司。"在最近一次总经理级人物的问卷调查中，有80%的人承认，并非特殊才能使他们达到目前的地位。这些人当中没有一个人在班上是名列前茅的，之所以能获得目前的成功是凭借良好的态度。你的人生拥有几把金钥匙？如果拥有第一把与第二把金钥匙的机会已经失去，那么取得第三把金钥匙的主控权在你自己。

知识未必可以创造价值，阳光的心态，却可以让你成为驾驭知识的优胜者。当态度成为竞争的决胜武器时，自问我们准备好了吗？塑造良好的人生态度——阳光心态，从现在开始吧！

内心愁苦，命运也将愁苦，心态决定命运。

> 古时候有甲、乙两个秀才去赶考，路上遇到了一口棺材。甲说："真倒霉，碰上了棺材，这次考试一定完了。"乙说："棺材，升官发财，看来我的运气来了，这次一定能考上。"当他们答题的时候，两人的努力程度就不一样，结果甲果然落榜，乙却考上了。回家以后他们都跟自己的夫人说，那口棺材可真灵啊。

心态影响人的能力，能力影响人的命运。生命的质量取决于你每天的心态，如果你能保证眼下心情好，你就能保证今天一天心情好；如果你能保证每天心情好，你就会获得良好的生命质量，体验别人体验不到的靓丽生活。

人给事情定义了好坏，对事情的态度改变了，事情带来的意义就改变了。人的态度决定了自己的行为，态度决定了一个人是恐惧，还是自信。

只会给别人挑毛病的人，往往自己是毛病最多的人，只由于他是乌鸦落在猪身上，看见别人黑，看不见自己黑。

静能通神

用玻璃透明的瓶子装上黄河水,安静一会儿就会发现水的上面很清,下面的部分才是浑浊的泥沙,而且细看泥沙的量一点都不多。但是如果再使劲摇晃,整个瓶子的水又浑浊了。不妨把清水比做幸福和快乐,把泥沙比作痛苦和烦恼。如果自己静心,尽管痛苦的分量没有减少,但是它一旦沉淀下来,就只占很小的一部分。不去搅动那些泥沙,就可以保持水的清澈。别去挖掘烦恼和痛苦,就可以享受更多的快乐和幸福。

> 日本创造天才中松义郎有2 300多项专利,比爱迪生的1 093项还多两倍。他进行思考时,一个重要的步骤就是抛开一切杂念,让大脑自由激荡。他为自己营造了一个石头园,里面有天然流水、植物和一块5吨重的大石头,这样一个简单的环境就是他创造"奇迹"的地方。

人若内心不安,幸福便无从建立。

静能增智,静能开悟。

我们要在繁忙之余保留住内心的一份净土,用来与无限智慧相接触。

匆忙地工作,缓慢地生活。

心态决定性格,性格决定命运。每个人都希望自己有阳光心态,以达观的心态去对待每一件事,愉快地度过每一天。这一点说起来很容易,但真正在现实生活中做起来却并不容易。

> 王悟出生在农村,高考那年,父亲生病去世了,家境贫寒,

> 自己的日子一直过得很苦,一直到大学毕业来到北京参加工作后,这种情况才有所改观。他现在虽然生活好了,衣食无忧了,但过去的经历给他的心灵烙下了深深的印记,使他养成了悲观、忧虑的性格,遇到事情老是往坏处想,对前途忧虑过多,办事畏畏缩缩,错失了很多机会。由于这种心态,他在家很少有笑脸,弄得妻子也很不开心。因为他从来都是挑妻子的毛病,妻子做得好也从不赞美她,弄得妻子也很没有自信心。在别人眼中他们现在应该生活得很好,但他们却感觉不到快乐。

当他听了"阳光心态"后,才醒悟了,发现快乐实际上不在环境,更不在别人,而是在于自己的认识,在于自己的心态。于是,他就尽量学着去调整自己的心态,学会改变对事物的看法,试着去欣赏和赞美别人,更多地去体验事情的过程而不过分追求结果。他发现注意多和别人交流,每次总或多或少有所收益。现在,他对家人更多采取赞扬态度,发现效果很好,大家比以前开心多了,愿意和他聊天了。这时他发现生活其实是一种选择,你选择快乐你就会得到快乐。

竹篮打水,享受过程

过去说竹篮打水一场空,带着阳光心态再用竹篮打水就不空了。能打上来什么呢?虾、鱼,甚至也许是垃圾。竹篮打水有过程也有结果,只是这个结果不是自己当初想要的那个状态罢了,但是竹篮确实不是空的。

多少事情都是只有过程,而不会出现预期结果,但是可能是"失之东隅,收之桑榆"。

假如一个设计方案要有三个工程师独立设计，但是只取一个方案。不能说没有取的那两个方案不是好方案，它们的作用是证明了第三个方案是最适宜的。

检察院对问题立案侦察，查了以后发现没有问题，不是一场空，而是证明了没有问题。

推销员努力向几个人推销却都没有成交，证明了这些人不是客户。

爱迪生试验了无效的千种灯丝材料，并不是徒劳的，他证明了哪些材料不能做灯丝。

你的目标是争取晋升处长，但是必定要多次才能够晋升成功。没有前几次的竹篮打水是不会有最终结果的。

那些意外的惊喜都是竹篮打水打上来的。姜太公钓鱼只有过程没有鱼，却钓出了周文王的重用。

享受竞争

今天的我们从农业社会逐渐进入到工业社会，我们的个人生活从自由化走向结构化，离开组织，人越来越难以生存，人只能是组织网络上的一个点。当社会进入到信息化、全球化时代时，地球村里有竞争力的组织越来越多，胃口越来越大，狼多肉少的局面就出现了，麻烦的是狼越来越多，而肉的总量没有大的变化，想增加份额只有"虎口夺食"，所以必然出现残酷竞争和挤压的局面。一个组织如果面临生存问题，就回归到了动物本能状态，迫使组织变成一架高速运行的机器，而人只是其中的一个零件，只能随机器的运行而运动。

有一个人想成为击剑高手,就去问大师:"我努力练习多久才能够成为高手呢?"大师说:"10年。"他又问:"如果我不吃不睡,24小时不间断地刻苦练习,那需要多少时间呢?"大师说:"30年。"他问:"为什么呢?""因为你忘记了做这件事情的乐趣。"

马云的成功是因为他在互联网中像科比在篮球中一样快乐,他说就是因为市场情况不好所以才有我们的机遇,我们不比大多数人聪明,也不比大多数人勤奋,但是我们很幸运,而且在工作中一直感到快乐。所以我们做业务就像打篮球一样,乐在其中。对篮球的态度不能太严肃,但是要认真。太严肃就如同考试,会很累。今天很残酷,明天更残酷,但是后天就会阳光灿烂。可惜很多人死在明天晚上而看不到后天的阳光。最重要的不是钱,而是当中的乐趣。

2010年的诺贝尔奖物理学奖得主,似乎是在游戏当中获得了突破:两位获奖者在一张涂满铅笔笔迹的纸上用透明胶带粘来粘去,最终得到了历史上最薄的材料。1965年的诺贝尔物理学奖得主费曼说:"我是在玩,实际上也是在工作。"科学家以专注、轻松、开放、心无杂念的游戏态度,获得了诺贝尔奖。

子曰:"知之者不如好之者,好之者不如乐之者。"

第三个工具

活在当下

活在当下的真正含义来自禅。有人问一位禅师,什么是活在当下?禅师回答:"吃饭就是吃饭,睡觉就是睡觉,这就叫活在当下。"

什么是活在当下

活在当下的英文是"Live in the present, live in the here, live in the now"。活在当下的真正含义来自禅。有人问一位禅师，什么是活在当下？禅师回答："吃饭就是吃饭，睡觉就是睡觉，这就叫活在当下。"

一个人被老虎追赶，他拼命地跑，一不小心掉下悬崖，他眼疾手快抓住了一根藤条，身体悬挂在空中。他抬头向上看，老虎在上边盯着他；他往下看，万丈深渊在等着他；他往中间看，突然发现藤条旁有一个熟透了的草莓。现在这个人进退两难，你们说他会干吗？他吃草莓。现在他做什么都是徒劳，能把握的只有这颗草莓，吃草莓这种心态就是活在当下。你现在能把握的只有这颗草莓，就要把它吃了。有人说，马上就要死了，还吃什么？可他不是还没死吗？机会在动态中出现，没准儿老虎走了，他还可以爬上来。这个问题问幼儿园的孩子，孩子一定毫不犹豫地回答，吃草莓。孩子比我们大人快乐，因为他们肯活在当下。

有一天我突发奇想，等我老了的时候，就给幼儿园当顾问，给他们讲故事，不是让我照顾孩子们，而是让孩子们带领我活在当下。

我设想在幼儿园旁边建一个敬老院，中间隔着一堵矮墙，人到生命暮年的时候最希望看到生命的初始，老头、老太太们每天等在矮墙边盼着孩子们出来，这一定是一道靓丽的风景线。

我现在问大家，对于你们来说，什么事情是最重要的？什么时间是最重要的？什么人是最重要的？有人会说，最重要的事情是升官、发财、买房、购车，最重要的人是父母、爱人、孩子，最重要的时间是高考、婚礼、答辩。我告诉大家，这些都不是，最重要的事情就是现在你做的事情，最重要的人就是现在和你一起做事情的人,最重要的时间就是现在,这种观点就叫活在当下,它是直接可以操作的。

> 有人得了癌症,已经到了晚期,医生对家属说,别治了,没几个月活了,他想吃什么就吃什么,想干什么就干什么吧。这个病人就去旅游,玩儿了半个中国,癌症竟然好了。

没打倒你的挫折,会令你更刚强。

不要让过去的不愉快和将来的忧虑像强盗一样抢走你现在的愉快。把握现在,才能成就未来。

高考是孩子面临的人生中第一个重大压力。清华附中每年都有40多人考上清华大学,在清华附中毕业班上,有个孩子每次考试都是第一名,人人都认为他一定能考上清华大学,结果在高考中,他发挥失常,成绩很不理想,只进了其他大学。

高考中的孩子,要知道把握过程,结果自然发生,要把高考当成一个过程来体验,学会体会这段过程给你留下的记忆。

我给奥运选手的建议是,把握现在,未来自然发生。

> 雅典奥运会上,全中国的目光都集中在王浩身上,这是中国乒乓球代表团争夺的最后一块金牌了,王浩的压力太大,紧张得动作都变形了。刘国梁教练把他叫出来说了几句,王浩上去了,最后还是打输了。记者们很失落,一个记者怒气冲冲地质问刘国梁:"你刚才跟他说啥了?你怎么这么无能,不能调整他的心态?"刘国梁说:"我告诉他要摆正心态。"如何摆正心态?如果刘国梁这样对王浩说:"你现在争夺的是中国代表团的最后一块金牌了,你一定要想到祖国的栽培,党和人民的期望,

> 如果你能把这场比赛拿下,你就会得到金钱、名车、豪宅、美酒、鲜花。"王浩一定输。刘国梁应该这样说:"你现在只要把握过程,把球打过去就行,别的一切都和你没关系;你别怕他,他还怕你呢,他现在内心比你更紧张;你技术比他强多了,你要藐视他,你一定能打败他!"
>
> 有一个小画家和大画家聊天。小画家说:"大师,请你指导我一下,我怎么才能把画画好呢?"大画家说:"你把画的这个地方修整一下。"小画家说:"谢谢大师,我明天抽时间修整一下。"大画家说:"不行,要马上动手,万一你今天晚上死了怎么办呢?"这就叫活在当下。

你们有没有一些遗憾,留下来想等到未来解决。如果有这样的遗憾,请今天晚上回家后马上把它解决了。如果你要向某人道歉,今晚马上打个电话道歉;如果你想赞美谁,今晚马上打个电话说明你的意思。

我有一个同学,山东人,是一个很帅的小伙子,比我小六岁,个子比我高,我们在读研究生时每天一起打球,周末一起吃饭、打牌,关系很好。我在清华大学当老师的时候,他在北京航空航天大学读博士,我想请他吃顿饭,但是一直忙,没空。后来他申请到了航天部的博士后,承担了一个关于大庆油田的大型课题,大庆派了两个司机,星夜兼程地驾车把他从北京接到大庆,黎明时到了肇东县,司机稍微一打盹,轿车眼看要和前面的卡车追尾,司机猛一打轮,我的同学被甩了出去,他死的时候还面带微笑。我知道这个消息以后,非常痛苦,我想,为什么不早点请他吃顿饭呢?

我还欠我的博士导师一顿饭,我的清华大学博士导师的女儿在日本，老师每个周末都请我们这些博士生吃饭，把我们当成自己的孩子对待。我当时想等我毕业了，一定要好好地请他吃顿饭。毕业后一直忙，终于有一天，我接到师母的一个电话，说老师得了胰腺癌，住在北京肿瘤医院。我马上去看他，说等你出院后，我请你吃饭。老师说不能出去吃饭，怕感染。没多长时间，老师第二次住院，不久便去世了。

后来我就想，你要请谁吃饭一定要快点，老人可能得病，年轻人可能遇车祸，搞不清楚谁什么时候就出问题了，人是否离开这个世界似乎同年龄没有关系。所以要把握现在，活在当下。

塑造阳光心态，我们所拥有的只是现在。内心的平静，工作的成效，都决定于我们要如何活在现在这一刻。不论昨天曾发生过什么事，也不论明天有什么即将来临，你永远"置身现在"。从这个观点来看，快乐与满足的秘诀，就是全心全意集中于现在的每一分、每一秒上。

> 珍惜今日，今天就是特别的日子，不要等未来的那个所谓的特别的日子，不要把好东西留给别的特别的日子，如果有使你快乐的事情，绝不要迟疑。

人生太短，短到来不及浪费时间去恨一个人。

此身不向今生度，更向何生度此身。

小孩子最美好的一点，就是他们会完全沉浸于现在的片刻里。不论观察甲虫、画画、筑沙堡或从事任何游戏，他们都能做到全神贯注。成长的过程中，很多人都学会了同时思考或担心好几件事情的本事。过去的烦恼、未来的忧虑，全都挤到现在，使我们生活惨淡、效率低下。我们还学会了把快乐延后享受，因为我们往往认为未来的情况会比现在好。

高中时我们想："有朝一日，我毕业了，不必再听师长的训斥，日子就好过了！"毕业后，又觉得必须离开家才能找到真正的快乐。离开家进入大学后，又暗下决心："拿到学位就好了。"好不容易领到文凭，这时又发现要找到工作才能实现快乐。找到工作，从基层干起，不消说，快乐还不到时候。一年一年过去了，不断把获得快乐的日期往后推，直到结婚、买房子、买车子、换更好的工作、退休。可是快乐还没有到来。我们把所有的现在都用于计划一个永远没有实现的美好未来上。

如果你在独身一人时不快乐，结婚了你也不会快乐；领导一个人你都没有能力，领导两个人就更难了。如果你把快乐寄托于下一个更高的权力位置，那是因为你还在围城之外，真正得到了，会发现你同以前没有什么区别，你会面临新的挑战和问题。

我们每个人都得做一个决定：我们是要每天提醒自己，时间有限，应该好好把握利用，还是虚度现在，空想有个美好的未来？下面是一位 85 岁，得知自己将不久于人世的老先生写的一段话，值得一读。

> 如果我能重活这一生，我要尝试犯更多的错误。我不会那么刻意追求完美。我要多休息，随遇而安，我处世不会像这次这么精明。其实世间值得去斤斤计较的事少得可怜。我会多冒几次险、多旅行几次、多爬几座山、多在几条河中游泳，到更多不曾到过的地方去。
>
> 如果一切能重来，我要在春天赤足走到户外，在深秋整夜不眠。我要多坐几次旋转木马，多看几次日出，跟更多的儿童玩耍，只要人生能够重来。

但是你知道，不能了。

老先生写得太好了,他提醒我们,人生有限,应该善加利用。这位老先生知道,要活得更快乐、更充实,不需要改变这个世界。世界已经够美好了,需要改变的是自己。

世界本来就不"完美",我们不快乐的程度取决于现实跟它们"应该是"的样子之间有多大差距。如果我们不凡事苛求完美,快乐这档子事就简单多了。我们只需要决定自己比较喜欢事物朝哪个方向发展,即使不能如愿,我们还是可以快乐的。

就像有位智者对急于寻找满足的弟子说:"我把秘诀教给你,你要快乐,从现在开始觉得快乐就是了!"

我们要建立积极的价值观,获得健康人生,释放强劲的影响力。但是道理好懂,实践起来就没那么容易了!可能人生还要体会各种感受吧!不只是快乐一种滋味!

> 过去的事不必耿耿于怀,今天的事不必斤斤计较,明天的事不必畏畏缩缩。

活在当下,塑造自己的心态,改变自己对事物的看法,永远都不放弃,过好每一天,即使在最困难的时候,也要鼓励自己,挺过去就会知道昨天是个好日子。

只为今天

一、只为今天,我要很快乐。假如林肯所说的"大部分的人只要下定决心都能很快乐"这句话是正确的,那么快乐是来自内心,而不是存在于外部世界的。

二、只为今天,我要让自己适应一切,而不去试着调整一切来适应我的欲望。我要以这种态度接受我的家庭、我的事业和我的运气。

三、只为今天,我要爱护我的身体。我要多加运动,善自珍重;不损伤它,不忽视它;使它成为我争取成功的好基础。

四、只为今天,我要加强我的思想。我要学一些有用的东西,我不要做一个胡思乱想的人。我要看一些需要思考,更需要集中精神才能看的书。

五、只为今天,我要用三件事来锻炼我的灵魂:我要为别人做一件好事,但不要让人家知道;我还要做两件我并不想做的事,而这只为了锻炼。

六、只为今天,我要做个讨人喜欢的人。外表要尽量自信,衣着要尽量得体,行动优雅,丝毫不在乎别人的毁誉。对任何事都不挑毛病,也不干涉或教训别人。

七、只为今天,我要试着只考虑怎么度过今天,而不会把我一生的问题都在这一次解决。我虽能连续12个小时做一件事,但若要我一辈子都这样做下去,就会吓坏了我。

八、只为今天,我要订下一个计划。我要写下每个小时该做些什么。也许我不会完全照着做,但还是要订下这个计划;这样至少可以免除两种缺点——过分仓促和犹豫不决。

九、只为今天,我要为自己留下安静的半个小时,轻松一番。在这半个小时里,我要想到爱,使我的生命更充满希望。

十、只为今天,我要心中毫无惧怕。尤其是,我不要怕快乐,我要去欣赏美的一切,去相信我爱的那些人会爱我。

珍惜今日

多年前我遇到我的一个同学,他太太刚刚去世。他告诉我,

> 他在整理他太太东西的时候,发现了一条丝巾,那是他们去悉尼旅游时在一家名牌店买的。那是一条雅致、漂亮的名牌围巾。高昂的价格标签还挂在上面,他太太一直舍不得用,她想等一个特别的日子……

今天就是特别的日子,不要企盼别的特别的日子,不要把好东西留给别的特别的日子。把握幸福时刻,就不缺幸福人生。

命是借来的,还要还回去。所以才有要命一词。借来的书要抓紧读,借来的命要活在当下。

活在当下实质上就是身心合一,心既不在过去,也不在未来,也不在别处,就在此时此地。

珍惜生活中的每一天,因为每个今天都是我们剩余人生中最年轻的那一天。

以未来为导向活在当下

有人听了"活在当下"以后这样理解:这叫今朝有酒今朝醉,今天晚上就去抢银行,活在当下。这样就真麻烦了。到底该如何解释呢?

人们问禅师,禅师说:"吃饭就是吃饭,睡觉就是睡觉。"

禅师们的活在当下,因为六根清净,所以能够平和以待。我们普通人欲望强烈,不能正确认识活在当下,就会变成今朝有酒今朝醉。

有年轻的大学生说:"如果大家都活在当下,谁关心未来?谁去为国家的事业努力?"

活在当下不是：

- 今朝有酒今朝醉，不管明日有忧愁。
- 亡命徒。
- 孤注一掷。
- 破罐破摔。
- 醉生梦死。
- 只是享乐不去创造。

活在当下是：

- 投入到当前的状态中。
- 活在过程中，不在结果里，在走向目标的路径上活在过程中。
- 活在当前，活在现在，活在这里。
- 把握现在。
- 以未来为导向活在过程中。
- 痛苦忍受它，快乐体验它。

禅师说"吃饭就是吃饭"，是说对选择的事情投入。过去的说法是既来之，则安之，这是一种无奈的态度。我们这样认为：为你的选择全力以赴你就不会后悔。

禅师说"吃饭就是吃饭，喝水就是喝水"。他们以达到佛的境界来完成每天的生活，不是无原则地放纵自己。这叫作以未来为导向活在当下。

确定了自己走向目标的路径之后，你走在路上，享受的是过程，结果只是最终的状态，而且是瞬间的事情。这种态度让自己在走向目标的路径上保持平和的心态。

活在当下的深层含义是说人不活在未来，也不活在过去，而是活在现在。现在连接过去和未来，把握现在才能够达到未来。

没有任何人能够像关云长那样说清楚：不用麻醉，刮骨疗毒是怎么个痛法。活在当下可以指导我们：欢乐时体会它，痛苦时体会它，在走向目标的过程中享受过程。

活在当下的最好理解是以未来为导向活在现在的过程当中。活在当下的实质就是活在过程中。关注未来不等于活在未来。不要让未来影响自己的心境，不要对未发生的事情投入更多的情绪。你今天所做的事情决定了你明天的感觉。活在当下不是愚笨莽撞，而是聪明灵活地调整自我。

有人说，反正人是要死的，我一想到我要死，我就会很忧伤，你让我怎么活在当下啊？各种宗教都说灵魂不死，如果你有宗教情结，认为人死了灵魂未死，这样想你就不忧伤了。如果你没有宗教情结，将死亡视作一种自然规律，任何人都不能幸免，你这样想心情就会好些。

在生命高峰的时候，享受它；在生命低谷的时候，忍受它。享受生命，感到幸运；忍受生命，了解自己的韧性。两者都很令人欣喜。

> 活在当下　自在解脱
> 无为自化　清净自正
> 外境不入　内心不生
> 返璞归真　抱元守一
> 清心寡欲　宁静致远

对自己的当前满意

如何活在当下,就是要对自己当前的状态满意,要相信每一个时刻发生在你身上的事情都是最好的,要相信自己的生命正以最好的方式展开。如果你对现状不满意,怎么办?你换一种看法解释现状不就行了吗?

一个先生早些出门希望能正点到达公司,结果在路上发生了追尾,赔偿了别人200块钱。他跟朋友抱怨,如果再晚点出门就好了。朋友说你就知足吧,如果晚出来没准儿你赔1 000块钱呢,或许还有更坏的事情出现。

在我们一家三口等公共汽车的时候,有一些人先于我们上车了,我发现有人站着,说不上这个车了,肯定没有座位,因为有人站着。车从我们前面过去的时候,发现后面有空位,太太说上去就好了,后面有空位呢。我在承受太太抱怨的时候,9岁的儿子说:"说不定等我们上去,那些站着的人已经把座位占了呢。"

这就是对自己的当前满意的态度。

> 有一个女士年轻的时候交了一个男朋友,父母不同意。父母说,凭你这样的条件,一定能找一个比他条件好的。她东找西找没有一个如意的,一晃50岁了。一天她对我说:"小吴,我都50岁了,还没结婚,也没孩子,你说我来到这个世界干啥来了?"我可以这样说,你的路是你自己走的,谁让你当时没主意。但是具有阳光心态的人,不能增加别人心里的痛苦,在这个世界上,人人都感到向上的力量不足,人人都需要从别人那里得到一点支持,不要做于事无补的事情,要提升别人向上的力量。

> 我这样问她:"你没有生小孩,你知道我夫人在生小孩的时候我在想什么吗?"她问:"你在想什么?"我说:"当我的孩子从产房里被抱出来的时候,我第一眼看到的是,我的孩子是不是只有一个脑袋、两条胳膊、两条腿,该有的有,不该有的别有,也别两个粘一块。第二眼看到的是,他的耳朵眼睛等各个通道是不是通的,如果都是通的,就说明基本健康。第三眼看到的是,我的孩子像谁。第四眼看到的是,他漂亮吗?谁也不可能第一眼就看孩子漂亮不漂亮,谁能保证孩子一定是漂亮的,你光看到健康的孩子,有没有看到不健康的孩子?"她说:"这种情况太多了。"我说:"既然能发生在别人身上,也就能发生在你身上。如果在你身上发生了,你怎么办?"她说:"那还不如没有孩子呢!"我说:"你这样想就对了。"我又问她:"你看到很多婚姻幸福的家庭,看没看到夫妻吵架、关系紧张的家庭?"她说:"看到很多。"我说:"有的家庭丈夫下岗、酗酒,老人住院,如果发生在你身上怎么办?"她说:"那还不如不结婚。"我说:"你现在多好,一个人吃饱全家不饿,想去哪儿就去哪儿,想怎么花钱就怎么花钱。"她说:"看来我的人生还挺幸福的。"我说:"你这样想就对了。"

抱怨现在的状态是因为觉得设想的状态应该更好,但到底是好还是坏谁知道呢?

领导者拥有追随者,有魅力和亲和力的人才有人追随。人们追随的不是你的个头大小,高矮胖瘦,而是在你这里能够得到自信和愉悦。如果你能够给予别人自信和愉悦,就会赢得别人的追随。阳光心态能够帮助你实现这个目标。

不要为过去的失误决策后悔。我们之所以能够发现过去的愚蠢,是因为今天我们变得聪明了,而明天我们还可能会发现今天是愚蠢的。应该为能够发现过去的愚蠢而欢呼,因为我们进步了。

这也可以说是阿Q精神。"树欲静而风不止",树就痛苦,树只有随风飘动;"船想静而水不静",船就痛苦,只有顺水推舟。

> 某制药集团有一位老工程师,在车间做了一辈子工程师,最喜欢抱怨。"同学当官的当官,发财的发财,就我混得最惨。"由于他经常抱怨,同事关系紧张,家人也不待见他,终于有一天得了精神分裂症,进了精神病医院。

如果你抱怨境遇不顺,那是你不知道还有更坏的境遇,如果你抱怨这次晋升没有你,在气愤郁闷中你会得病,如果你病了,你的竞争力就会下降,下次晋升还不会有你。

一个人白天烦恼地工作,晚上想工作中的烦恼,第二天来传播昨天发现的新烦恼。时间长了这个人就成为祥林嫂了。

> 某油田的一个女架线电工,从专科学校毕业多年了,一次同学聚会,大家都被提拔或者坐办公室了,她还在爬井架装电线。有男同学告诉她:你是我们班级的班花,有资本去要官,这里的官都是要来的。不提拔你太不公平了。这个女士受到了刺激,然后就来到人事部门闹,人事部门告诉她公推竞聘的提拔程序,她不相信。闹得人事部门的人见到她来就躲起来。
>
> 这名女工不光没有提拔的机会,还可能导致身体出大问题。
>
> 相比之下另外一个大学毕业的女士,在化工厂,经常得爬井架,快到50岁了,还在爬。她很乐观,因为自己爬井架,天天锻炼身体,所以没有出现任何健康问题。虽然辛苦,但是乐在其中。

当生存不再是问题以后，多赚点少赚点没有关系，升高点降低点没有关系。先生存后发展。

每一时刻发生在你身上的事情都是最好的。即使是负面的事情，那也是自己定义和解释的结果。你只要对自己能够把握的事尽最大的

{ 热爱自己的生命，相信你的生命正在以最好的方式展开。 }

努力就可以了，你的生命历程正按照它自己的顺序展开。相信你已经拥有了许多人还没有的东西。不要抱怨这个世界对你不公平，那是因为你还不知道什么事情对你来说是好事情。如果你抱怨不好，那是因为你不知道还有更坏的。

> 大学两位同班同学，一位姓王，一位姓荣，志向都是考复旦大学的研究生，学习都非常刻苦，家庭也都来自农村。不同的只是王同学性格开朗，乐于与同学交往，积极参加并组织集体活动，而荣同学只是埋头学习，很少搭理同学，对与学习无关的一切事情更是从不参与。
>
> 在一次野炊活动中，王同学认识了一位师兄，通过聊天得知这位师兄的一位好友就在复旦管理学院。王同学积极同这位好友联系，还专程去了两次上海，结识了复旦方面的几位教授。后来的复习备考很有针对性，王自然遂愿，后在复旦大学直读博士。
>
> 虽然从王同学那里也得到了一些信息，但荣同学的复习备考却没有那么顺利，考完后他的反映就是"复习的没怎么考，考的没作为重点复习"。虽然也过了面试线，但最终还是名落孙山。落榜后，荣同学没有总结失利的教训，而是把怨气全撒到了王同学的身上。他没有找工作，来年再战，并且连考两年，

> 每次都以失败告终。再后来,他得了精神抑郁症,回家休养去了,性格越发孤僻。

每个可怜的人必有其可恨之处。我们应该吸取荣同学的经验教训,不做可怜人!

我们很少想到我们已经拥有的,而总是想到我们所没有的。想想你得意的事情,不要理会你的烦恼,就会获得好心情。

> 你为在春天的时候丢掉了一粒种子而苦恼,哪知道秋天的时候你却有意外的收获。

情绪传染的蝴蝶效应

物理学中的蝴蝶效应原理说,亚马逊的蝴蝶扇动了一下翅膀,就会给美国带来一场暴风雨。情绪具有传染性,一般人为灾难都与情绪有关。一个经理骂了司机,司机感到委屈,当晚失眠,第二天开车睡觉,整车人都会遭殃。这个现象可定义成"情绪传染的蝴蝶效应"。如果人们的情绪平稳,世界的安全系数就会增加。

根据"情绪传染的蝴蝶效应"原理,可以推断出很多人为灾难都与情绪变化有关。可能由于人的情绪消极而不履行程序,也可能由于人的情绪过高而玩忽职守。所以,管理者对于关键环节的工作人员,应该密切注意其心态的变化。

> 卢军三年前在一个工厂做厂长,那时,看下属办事他总是不满意,经常批评下属不是办事效率不高就是办事质量低下,

他觉得很痛苦,因此经常代替下属办事。下属对他的处理方式不满,认为剥夺了他们的工作机会,做事反而会遭到批评,索性不做事,推诿扯皮。结果造成了一个双输的局面。

一年后,上司安排他组建一个分公司,他改变了自己的工作方法,以前按自己的标准去批评别人的不足,现在更多的是发现下属的优点、长处和进步,并且真诚地去表扬人,欣赏下属并在适当的场合表扬他们。

两年的实践他收获很大,同事间会真诚地相互表扬,会相互肯定别人的长处,大家敢于承担自己的责任,觉得没有进步对不起公司和同事的肯定和鼓励,非常富于团队精神,效率高,产品质量好,打造了一个学习型组织,大家乐于承担责任、分享知识,整个组织的氛围和谐。

赞美、肯定、赏识,比批评对管理员工、搞好人际关系更有效。发自内心地肯定别人可以让自己的心情愉悦,可以使自己更理性地处理问题。赞美肯定别人可以让自己的合理观点更容易让下属接受,体现自己的领导力。赞美、肯定别人是一种在人力资源管理上非常有效的工具和技能。赞美、肯定、赏识可以缔造积极的情绪,形成连锁反应。

不能活在当下就会失去当下

如果你不活在当下,就会失去当下。

有一个乡下姑娘挤了一罐牛奶,把它顶在头上,然后就开始胡思乱想了:这罐牛奶可以卖几块钱,这几块钱可以买几只

> 小鸡，小鸡长大了可以下很多的鸡蛋，鸡蛋又可以孵出很多小鸡，小鸡长大又可以下很多鸡蛋，这些鸡蛋卖的钱就够我买一条漂亮的裙子了，我穿上到王宫跳舞，我的舞姿吸引了王子，王子邀请我跳舞，我要摆摆矜持……她一歪脑袋，牛奶罐掉地上摔碎了。
>
> 看着摔碎的牛奶罐，姑娘伤心地哭了，为摔碎牛奶罐哭泣，又失去了好心情。

连续两个不幸发生，就叫祸不单行。学会了活在当下，可以在一定程度上避免祸不单行。

要学会理智镇静一些，灾难既然发生了，就要既来之，则安之，把握当下。

如果有突发事件，当大家都惊慌失措时，有人镇定自若，忙而不乱，这个人是帅才，可以大胆予以重任。

> 有一个博士在做毕业论文，学业非常紧张，他很羡慕别人周末可以到歌厅唱卡拉OK。终于等到周末了，他也去唱卡拉OK，一进去他就后悔了，心想我正在做博士毕业论文，怎么能来歌厅唱歌呢？但是来了也不能立刻就走啊，他就一边后悔一边唱卡拉OK，心里怎么都不安生。

清华大学MBA班的一个同学跟我说，他每天的工作就是陪客户吃吃饭，唱唱卡拉OK，跳跳舞，烦透了，但是不得不干，很无奈。他听了活在当下的观点后，明白了要活在当下，反正忧虑、烦恼也没有用，他干脆也投入进去，陪客户好好吃饭，好好唱歌，好好跳舞，从此他就开心了。客户发现他不是在应酬，对他也满意了，他的业务量也增加了。

一个人这样描述自己:"我想进大学,想得要死。随后,我巴不得大学赶快毕业。接着,我想结婚,想有小孩,想得要死。然后,我又巴望小孩快点长大,好让我回去上班。之后,我每天想着退休,想得要死。现在,我真的快死了。"

由于现在就业比较困难,有的大学生刚刚进入大学校门就担心找不到工作,在忧心忡忡的状态下艰难地度过每一天。他失去了多少个应该快乐的日子呢?

如果你正在上大学,在完成学习任务、目标指向硕士、博士的同时,更要锻炼生活的能力。包括人际交往的能力、音乐美术调整心态的能力,这些都可以统称为领导力。走向社会以后,做事的能力和做人的能力同样重要,而且社会认可的是做事之前先做人。所以,要用文艺和体育活动把自己大学的业余时间充实,这些活动锻炼的是自己开放的心智模式和人际交往能力。

在上中学的时候,中学老师告诉我们:"中学是人生最黑暗的日子,上了大学就好了,那是天堂。"我们充满希望,急匆匆地离开中学考上了大学,结果发现大学考试太严格,害怕挂科不及格,被迫读大量的书,感觉很痛苦。又有老师告诉我们:"大学毕业就好了,不用考试,还有钱,那是天堂。"我们又充满希望,急匆匆地离开大学参加了工作,发现虽然不考试,但是考核,考核是真金白银的历练,又痛苦了。又有智慧的人告诉我们:"结婚就好了,就有了避风港湾了,那是天堂。"我们又急匆匆地结婚了,结婚了你又发现什么呢?

我们总是急匆匆地走向明天,因为有人告诉我们说:"明天会更美好。"到了明天,有人用歌声继续诱导我们:"明天会更美好。"我们又急匆匆地走向明天。我们风驰电掣、雷厉风行、大步流星、快马加鞭、疯狂地走向明天,结果走到了今天,才发现昨天的梦想实现了也不过如此,才发现原来"昨天是个好日子"。

想回去是回不去了。解决的路径只有一条:把今天当成好日子。学会活在当下,提高执行力,把今天变成好日子,那么每天都是好日子。昨天是好日子,不管是什么样的日子,过去的都是好日子。幸福的日子是甜蜜的回忆,痛苦的日子更衬托出今天的进步。明天不管它如何来,也把它变成像今天一样的好日子。

把今天变成好日子

一个MBA班的学生告诉我,他由于没有当过老总,对战略课程不感兴趣,而且将来也不一定能做老总;由于没有当过车间主任,对运作管理也不感兴趣,将来也不一定能做车间主任,而且由于没有当过财务总监,对财务管理也不感兴趣,将来不一定能做财务总监;由于没有当过人力资源总监,对人力资源管理也不感兴趣,而且将来也不一定能做人力资源总监。那么他到底应该对什么感兴趣呢?尽管不感兴趣也要完成相应的课程学习,他在痛苦中过完了MBA的学习生活,将来等待他的肯定是后悔的痛苦。果然,10年后,在同学聚会上我遇到了这个当年的学生,别人都在回忆10年的进步,他说:"自己的10年是下岗在家当宅男的10年。"

低效率的人把大部分的时间不是花在现在,而是过去和未来,为过去悔恨,为未来担忧而不是活在当下。经常活在过去使人消沉,经常活在未来使人产生焦虑。活在当下是对过去积累的最好运用并能创造更好的未来,沉浸在过去的痛苦中会剥夺你现在的好时光,现在的好时光可能永远不会再重复,不要让过去的不快像强盗一样掠夺你现在的愉快。

"如果你因为失去太阳而哭泣，你也将失去星星。"懂得静观大地开花结果的人，绝不会为失去的一切而痛心。失去太阳的时候，主动地去拥抱星星。不要为打翻的牛奶哭泣，它给予你的比失去的更多。

人活着并不尽是顺心如意、快乐幸福，还有许多负面阴暗的东西，各种各样的问题会不时向你袭来。疾病、祸患、灾难、婚姻失败、下岗失业、生活困难等，在你人生的悠悠岁月中，一切都可能落到头上，成为一种纠缠着你、困扰着你的现实问题。

"活在当下"本是佛教之语，在俗世的我们可以这样理解，当在某个生活阶段遭遇到厄运时，你必定要坚强承受环境给你带来的苦难，而不是消极对待，因为你要活下去，要勇于面对不顺心的事，凭着人的生存本领，聪明智慧地去战胜一切，迎接"柳暗花明又一村"的新天地。

现实回避不了，既然挫折来了，就逼着你非要正视面对不可。琼瑶在自传里这么说："我认为，人来世间，是一趟苦难之旅，如何在苦难中寻找安慰是最大的学问。我的一生中，坎坷的岁月实在不少，痛楚的体验也深，我能化险为夷完全靠奋斗，靠相信'必有一朝天地宽'所激发出来的生命力……"琼瑶著作等身，名扬海内外，正是历经这样的苦难之旅并奋斗不息而获得的。

请回顾自己的成长历史，最美好的阶段是哪个阶段？也许你会说是大学时代。为什么大学时代是最美好的？因为活在当下。既不担心未来，也不后悔过去。参加工作以后，所有未来的压力都上来了：晋升、提薪、成家、人际关系、对家人的责任，由于忙于未来，所以丢了现在，结果未来还没有来。由此推理，只要活在当下，当下就会成为美好的回忆。拥有阳光心态后，会缔造出无数个值得回忆的过去，让无数值得回忆的日子成为闪烁的珍珠，让时间的丝线把它们穿成美丽的项链。

第四个工具

学会感恩

学会感恩可以提升一个人对当前的满意度。幸福是一种感受,如果我们没有学会感恩,就会忽视别人的付出,获取的幸福就会少很多。

感恩获得好心情

人总是抱怨自己的没有,忘记自己的拥有。在抱怨之中,让牢骚与烦恼折磨自己的肉体和精神,然后失去快乐与健康。

首先要为自己是"人"而感恩。

有人甚至憎恨自己是人,说下辈子再也不做人了。

人是否有下辈子?还不知道呢。

假如没有下辈子,只有这辈子,我们只能高度珍惜。快乐了享受它,痛苦了躲避它,躲避不了的痛苦改变态度屈服于它。

假如有下辈子,如果自己不再做人,那做什么呢?

有人告诉我做仙。在中国神话故事中,那些修炼得道的仙最大的希望是变成人,甚至连天上的仙女都希望自己到人间生活。古人用神话故事塑造人的尊严和高贵,提升人的自豪感和幸福感,使人以身为人而感恩。今天的我们也应该从神话故事中的另一种角度看人生,来提升自己的幸福感。

我们可以这样理解万事万物:世间万物皆为我而生。

太阳是我的,月亮是我的,星星是我的。澳大利亚的大堡礁为我而存在,北京烤鸭为我而准备,花鸟鱼虫为我生长,美丽的自然界为我生生不息。

因此,人要善待万物,同体大悲,感恩世间万物为我而生。

如果你实在不知道为什么而感恩,就为自己生而为人而感恩,因为世间万物为人而生。它们都在陪同自己来到这个世界,共享同一个地球。

有了这种感恩之心,对人对物的感恩都是自然而生的。

河南一家民营企业的总裁李中灵,招聘员工时,首先看他们孝不孝敬父母,如果他们连父母都不孝敬,他们也不会忠诚于企业。李中灵告诉我:"我问他们,寒暑假你们都干吗去?"他们说:"玩儿、旅游、休息。"我问:"经常回家乡吗?"他们说:"经常回啊。"我问:"都干吗啊?"他们说:"找同学吃饭、聊天、一块玩儿。"我问:"在家里都干吗?"他们说:"睡觉、看电视。"应聘者对问题的回答都十分肤浅,没人提孝敬父母,明明可以帮父母干点活儿,向他们讲一些大学的见闻。他向我抱怨:"你们这些大学老师是怎么当的?培养的毕业生怎么这么肤浅、急躁、缺乏责任感,连父母都不孝敬。"

由于社会竞争的激烈,我们必须对工作投入更多时间,因此在家的时间就少,以至于家人也很少见到我们。我们欠家人、亲人太多,所以有机会要多弥补一些。

> 有这么多的好风景,都是给谁造的?你只要看到了,就是给你造的。感恩看世界四海同兄弟,欣赏观天下万物皆美好。

在感恩节那天,你给所有曾经帮助、支持、爱护过你的人发一条这样的短信:感谢你对我的关照。你发一条短信,别人就会发三条,连锁反应,感恩节大家就会过得相当愉快,人际关系就会变得和谐。你要是不感恩,别人就可能不再帮助你了。感恩获得好心情。

"莫问钟声为谁而鸣,不是为别人,正是为你。"钟声在报告时间,谁听到了就是为谁而敲,心中拥有感恩,满足自然装满心中。

用心体验细节,就会充满快乐

"为一、二感恩",人生不如意十有八九,记住一、二,忘却八、九。你注意到了的事情,对于你来讲是发生了的事情,与其抱怨黑暗,不如点亮蜡烛。

当阳光从天上洒下来的时候,总有照不到的地方。把眼睛投向有阳光的地方,如果你无能为力,就避开黑暗的地方。

在不懂得理想的时候选择,在不懂得婚姻的时候结婚,在不懂得责任的时候育儿,在不懂得珍惜的时候分手,在什么都懂得的时候懊悔,可惜一切都晚了。

> 一位中年女士这样回忆她的经历:20 岁以前,我是一个任性的女孩,由着自己的性子生活,自小习画,爱好文学,经常会有诗歌、散文在报刊上发表,是一个多愁善感的文静女孩。30 岁以前,我是一个自信的女孩,聪明、好学、善良、活泼,很快就找到了自己的职业定位,完美主义的做事风格让我得到了足够的信任,从一个企业报的编辑,成长为一个大型电力企业的中层管理人员,在六届领导的更替中平稳前进,担任办公室主任和董事会秘书。我与先生在同一公司工作,但我们没能很好地协调工作和生活的关系,我背负工作和生活的双重压力,却得不到理解和回应,于是我与先生选择了分手。
>
> 女人是情感动物,当真正面对婚姻的失败以后,我便觉得事业上的成绩是"虚假的繁荣",毫无意义。于是我又选择了逃避,与公司签订了两年的学习合同,脱产进修 MBA,希望通过学习调整心态,适应生活。去年一年,我都在北京与长春之间奔波,每到周末都会回家照看读小学的宝宝。

> 我的全部乐趣都来自宝宝,全部闲暇在读书,全部情绪宣泄在写作中,全部恐惧在梦里。我看不到未来,但必须迎接未来——有生以来我第一次感到对命运束手无策。
>
> 想想自己的境地也不是很坏,至少有一个聪明乖巧的宝宝,至少还有一个气质尚佳的外表,至少有一个能够安静的性格,至少有一份稳定的收入,至少能够读书学习,除了一个可以依靠的肩膀,我还有什么不满足的呢?

- 感恩伤害你的人,因为他磨炼了你的意志。
- 感恩欺骗你的人,因为他增进了你的见识。
- 感恩鞭挞你的人,因为他消除了你的自责。
- 感恩遗弃你的人,因为他教导了你要独立。
- 感恩绊倒你的人,因为他提升了你的能力。
- 感恩斥责你的人,因为他增长了你的智慧。

学会感恩可以提升一个人对当前的满意度。幸福是一种感受,如果我们没有学会感恩,就会忽视别人的付出,获取的幸福就会少很多。同样对待自己的现状应该看到满意的一面,而不是牢骚满腹。我们经常在公司里能够听到有些员工的牢骚,这些牢骚并不能解决任何问题,反而会影响他的心态和在公司的发展。

你还能够找到哪些值得你感恩的理由呢?当你烦恼的时候,和朋友一起寻找值得自己感恩的事情,为你已经拥有的感恩。

只要能够提升自己的事情都值得感恩。

提升心灵品级

心灵是有品级的,它的品级决定一个人一生的成败。

心灵的最高境界是敬畏之心。如同信仰和宗教,那份虔诚任风吹雨打不会动摇。商家讲求诚信,朋友讲求诚心,情人讲求诚意。如果每个人都对规则、条律、伦理拥有本能的敬畏,在商言信,在职言公,在情言忠,这世界将是何等美丽。如果一个男人拥有敬畏之心,那他一定是个事业顺利、爱情幸福、妻贤子孝、交友广阔的人;如果一个女人拥有敬畏之心,那她一定是个才艺双全、气质不凡、仁爱有加的人。

心灵的第二等境界是慈悲之心。有人说,一个社会的进步是慈悲心的进步,我觉得很有道理。每一个社会都有弱者,自远古就开始弱肉强食,时代进步到今天仍然推崇大鱼吃小鱼,小鱼吃虾米。在我看来,以强凌弱不是真本事,不论是企业还是个人,都是不智的行为。真正的强大是心灵的强大,是海纳百川的肚量,是高山仰止的气势。每个人从呱呱坠地那天起,就注定了要走一条自己的路,有的很长,有的很短,有的成功,有的失败,有的安逸平淡,有的大起大落。不管怎样,路到最后都归结为空空而去。人生要有意义,首先是尽可能地为别人多做事情,哪怕是微不足道的小事,也是生命意义的体现。人是需要有慈悲心的,男人有慈悲心,他一定心地善良,为人宽厚,凡事谦让,具有绅士风度;女人有慈悲心,她一定知书达理,聪慧贤淑,具有淑女风范。

心灵的第三等境界是感恩之心。前些时候我看到一则消息,是一位老人状告七个儿女不尽赡养之责。我看后很痛心,而这类痛心之事如今已不鲜见。一个人连亲生父母都不能心怀感恩,他还能为社会做什么呢?我们的父母给了我们生命,那丝丝银发、条条皱纹就是见证，怎忍心让他们的心里再苦泪纵横？不爱其亲而爱他人者谓之悖德，不敬其亲而敬他人者谓之悖礼，感恩之心源于孝。懂得感恩的男人，是一个有责任感的、值得信赖的合作伙伴，是值得依靠的男人；懂得感恩的女人也一定是一个勤奋上进、爱家护子的好女人。

心灵的第四等境界是宽容之心。对人宽容，对己宽容，有容乃大。每个人都不可能风平浪静地过一辈子，都会遇到坎坷和波折，过往的人和事难免会引得我们辛酸。宽容他们吧，因为宽容别人就是善待自己，因为耿耿于怀只能加深对自己的伤害。在我们成长的过程中，因为不谙世事做出许多错事，有的尚可挽救，有的无法弥补，宽容自己的过去吧，因为宽容自己的过去，就是善待自己的未来，把过去的经历当成生命的礼物，未来的生活才能更加精彩。难道不是吗，为什么要到生命的最后一天才知道生命的可贵呢？能够好好活着已经很好了呀！

心灵是有品级的，心灵的品级决定品格，决定人一生的命运。

心的引力

一间屋子，一根房梁，一个人，一截绳子，一只小板凳。你一定以为这将发生一个悲剧。但是画面上，梁上垂下的绳子挂着小板凳，凳子上坐着孩子，孩子在荡秋千。他的父亲去世了，母亲早已离开了这个家，他是孤儿。每天孩子到村支书那里领一元钱，这是他一天的生活费。每天，他背着书包去上学，他给自己做饭吃，他做完了功课，灯下，他荡秋千。

简易的秋千是孩子自己做的玩具，坐上去双脚朝屋子的柱子上一蹬，秋千就荡起来了。小小的身影，在空空的墙上飞来飞去就不显得冷清了，绳子在梁上吱吱呀呀地唱歌，他就不害怕了。

这是一幅感人的画面，给成人带来了感动。因为我们自己的童年也用秋千放飞过梦想，因为我们的童年有很多亲人相伴。那个几乎要淡出我们生活的秋千，载着一个孩子对贫苦日子顽皮的、生动的注释，在多少人的心里，荡荡悠悠。

这个孩子用最简单的生活方式，填补着童年的冷清。他用当下的快乐，替代了成人眼中的孤单和穷苦，用童稚的轻松淡化成年人世界里的沉重。

贫穷不会打动人心，但是轻松的态度和顽皮快乐的存在方式却能够赢得人心，真正打动人心的是一颗具有吸引力的心。

心如聚宝盆

宽容有两种理解：一是看到了对方的缺点但是不在意；二是看不到别人的缺点。

大千世界中每个人都有自己独特的性情和不同的生活态度，在相互交往中可能不可避免地产生观念上的冲突。现实中的人都各有所长，也各有所短。宽容的人善于发现别人的优点，夸奖他人的长处，容忍别人的短处和不足，而宽容心缺乏的人，总是盯着他人的缺点不放，开口说话就会恶语伤人，尖酸刻薄是一把伤人又伤己的双刃剑。

人心就如聚宝盆，身体如同盆架。聚宝盆承载着自己奋斗得到的名、利、情。如果你今天很优秀，那是因为身体的盆架能够匹配心这个聚宝盆的大小。如果成功后心态发生了变化，就是聚宝盆倾斜了。如果心态越来越糟糕了，聚宝盆里的东西就会倾泻出来。如果心变小了，就是聚宝盆变小了，里面的东西也可能溢出来。给予别人的越多，自己拥有的就越多。如果心变得太大了，太贪婪，盆会越来越沉，盆架承受不住，也可能会出现塌垮的迹象。

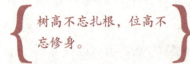
树高不忘扎根，位高不忘修身。

两个相爱的人如何交谈呢？他们柔声细语，因为他们的心离得很近。当两个人感情升华到一定的程度时，他们甚至都不用说话了，一个眼神就能够让对方明白自己的意思。因为真爱让人的心紧紧贴在一起。有这样的基础才能够结婚。婚后时间长了，失去了初恋的新鲜感，开始大声说话，当声音大到变成喊叫时，心的距离就加大了。

树之所以成长到某个高度，是因为它的根支持了它。如果树长高了以后它讨厌自己的旧根要换新根或者抛弃旧根，这棵树就要枯萎了。

不要让聚宝盆失衡，不要让说出的话隔离彼此的心。当心的距离加大时，你可能会说不清楚，他也可能会听不清楚。

开口就抱怨者多为失败者。开口就给人带去快乐希望的人，一定是一个宽容的人、素养很好的人、成功卓越的人。

> 两个兄弟感情很好，一天，哥哥对弟弟说："我们两个互相挑毛病吧。我先挑你的毛病，你口齿不清，不会说话，不善于表达自己，别人很难理解你。好了，你挑我的毛病吧。"弟弟想了一会，说不出话，他看着哥哥说："哥，你也没有啥毛病啊，你的衣领上有一个线头。"他边说边帮助哥哥拿掉了。

这个世界之所以可爱，就是因为有宽容和欣赏。把别人看作完美无缺其实也意味着自己的心灵完美无缺。如果你能够把爱作为一种心境，那么所有的刻薄和冷漠都将弱化和淡去。

心不仅仅是聚宝盆，还是一个磁石。

一个大三的学生告诉我：她的一个老师来上课时，有四分之三的时间是在抱怨和指责，剩下的一点时间匆忙念一下讲稿，这堂课更多的是学了些对社会和体制的不满，没有真正学到知识。

我认为这个老师在浪费自己的生命的同时，也在浪费年轻学子的生命。他在指责别人的同时，也在被鲁迅先生指责："无缘无故耗费别人的时间，与谋财害命没有什么两样。"假如他用上午的时间备课，一上午准备骂人，再用一下午的时间来骂人，那他一天的时间都是在烦恼中度过的，他没有用这个时间来提升自己的竞争力，而是增加了使别人烦恼的因素，他这个烦恼的磁石将吸引更多的烦恼。他将在这个组织中处于低层次，在社会上处于低层次，在心态上处于低层次。

这个世界上存在赤橙黄绿青蓝紫等各种颜色，想发现什么都能够发现。但是，发现什么并不重要，重要的是发现本身有助于提升心境。

心的磁石如果是积极乐观的，它就会吸引积极乐观，它总能够找到快乐的方向。

把心当作蜜蜂来看待，它就会本能地飞向鲜花盛开的地方。

第五个工具

向下比较

向下比较的目的是让心乐观，不是诅咒别人更差。不是幸灾乐祸，而是对自己的状态知足。

高处不胜寒

人人都喜欢做企业的最高领导者,爬得最高的人的心态你知道吗?他的心态是如坐针毡、如履薄冰、诚惶诚恐、忐忑不安,遇到难处还常常是叫天天不应,叫地地不灵,其孤独感可想而知。别人只看到了他们的风光,又有多少人看到了他们内心的痛苦?

毛泽东在32岁的时候,正面对重重压力和未知的前途,他向身边的亲人倾诉:"我感觉到孤独,极端的孤独。难熬啊!"再"难熬",在那个时候,他也必须"挺住"。在革命的道路上,只有他找到了正确的道路,还没有其他同盟者,他只能身体力行,默默前行,做自己该做的事情。

《诗经》中的《王风·黍离》说:"知我者谓我心忧,不知我者谓我何求。"《王风》就是诸侯帝王之歌。唱着这样心曲的人,一定希望找人倾诉,但是,他能倾诉给谁呢?

如果你不知道什么是烦恼,就当一回国家领导。想象一下他们有多少烦恼呢?大年三十晚上,我们都在家里包饺子,看电视,你知道有的领导在干吗?在井下和矿工在一起。疫情发生的时候,我们不敢出门,在家里待着,还担心被"非典"找到呢,你知道有关领导在干吗?他们在学生食堂、在菜市场。全国每天各种情况不断地发生,13亿人的小事情,加起来就是天大的事情。

向下比较

人什么时候会快乐?当发现别人比自己差的时候。虽然在自己身上也有很多不尽如人意的事情发生,但是同更倒霉的人相比,自己还是幸运的。

> 林南在上大学的时候，有一回正在水房洗衣服，这时候停水了。她怒气冲冲地端着盆回到宿舍，发现同寝室一个女同学浑身泡沫站在浴室里，正在洗澡没有水了。她哈哈大笑起来，自己的火气顿时没有了。

一个朋友因病住院，入院的时候还很忧愁，当我去看他的时候他心情却非常好，他说在所有的病友中他的病是最轻的。

人在什么时候高兴？在发现别人比自己更差的时候。所以我提炼出一条快乐的道理：向下比较。"比上不足，比下有余"。

向下比较的目的是让心乐观，不是诅咒别人更差。不是幸灾乐祸，而是对自己的状态知足。

有人调查了122名患心脏病的人，8年后发现持悲观态度中的25人中死了21个，持乐观态度中的25人中死了6个，结论是乐观者长寿。

曾有一项针对大学生的调查，是让这些学生在以下两个工资体系中进行选择：自己年薪10万美元，别人8万美元；自己年薪8万美元，别人4万美元。学生们的选择往往是后面的工资体系。

可以看出状态不在于自己差，在于别人比自己更差。比上不足，比下有余，人就会开心。

有人这样保持乐观情绪，别人做了对不起他的事情，他不抱怨别人，而是抱怨自己。因为当你觉得自己不对的时候，你就不再愤怒了。

人类是由母亲抚育的，母亲的性格直接影响孩子的性格。如果母亲的性格是支配型的，孩子就会服从、消极、依赖；母亲性格是冷漠型的，孩子也会冷漠；母亲性格是专制型的，孩子不是依赖就是逆反、孤僻；母亲性格是民主型的，孩子就亲切、直爽、友爱。如果一个人性格有缺陷，家庭一定负有责任。马加爵因和寝室同学打牌发生争执，结果就杀了寝室的同学，马加爵当然要伏法，但从阳光心态的理论上看，马加爵的家庭一定存在暴力，缺少阳光，不宽容，养成了他阴暗的心理状态。

抱怨不好是因为不知道还有更坏

如果你抱怨不好，那是你不知道还有更坏。当树干上的猴子抱怨上升无路的时候，应该看看还有多少猴子在它下面，再往远处看看，更多的猴子在等待机会上树呢！

有人说这是在倡导阿Q精神，是不对的，应该是传播成功学。改革开放给我们提供了一个能够心想事成的环境，大家都在努力奋进，当今社会，往往一个人在没有形成健全体魄的时候，就已经开始接受成功学教育了，已经加入了竞争者大军了。来到这个世界上的我们为自己设计了一个目标，实现了目标就是成功。但是目标水涨船高，成功的难度也在提高，又为实现新的目标努力，结果使得自己始终处在设置目标，实现目标的过程中。所以实际上同过去相比，我们已经很成功了，这叫纵向比较。横向比较我们已经比很多人强了，还有多少人比我们差呢？

回想一下自己的童年朋友，是否有一些人已经先于我们而去了？至少我们还活着呢。又有多少人比我们贫穷，同他们相比我们应该为自己的现状开心才对。如果你往上比较，你上面比你优秀的人，他也在同更优秀的人比较，结果是山外青山楼外楼，还有高人在后头,比来比去何时是个头!

成功学告诉我们,不想当元帅的士兵不是一个好士兵,不想当船长的水手不是一个好水手。但是很遗憾,只有一个人能当船长,你要想当只有把别人都扔到海里去。大家都这样想,结局是船上只剩下一个人,那么这条船必沉无疑。成功是对的,但如果不善于向下比较,不善于对当前状况感到满意,那你就会永远生活在痛苦中。

如果你对自己的现状不满意,解决的路径有两个:第一是改变现状,这无疑是最好的,但是苦于不能一蹴而就;第二是安于现状,这有点被动,但是总比不如现在要好多了。假如你不是现在这个样子,比现在这个样子更差的状态会是什么样呢?如果你只做最好的设想,悔恨现在,谁知道最后是不是你想要的结果呢?

随　缘

获得了阳光心态,这种感觉就好像是在忙忙碌碌的工作之后、在疲于奔命的生活闲暇空间里,走在潺潺溪水边,躺在柔软的草地上,太阳暖融融地透过郁郁葱葱的大树,星星点点地照射在身上,透过大树可以看到蓝天、白云,耳际还能隐隐地听到高亢而淳朴的山歌。这种感觉是太舒服了,可以完全放空自己,融入自然。

{ 力所能及则尽力,力不能及由它去。}

在日常生活中,谁也不能完全摆脱烦恼,只要有情有欲,就会有烦恼。从婴儿呱呱坠地,要吃奶,要保暖,要适应这个新的世界,种种烦恼也就接踵而来。人要长大,上幼儿园,有烦恼;开始上学,应付各种考试,有烦恼;好不容易考上大学,所学专业不喜欢,有烦恼；少男少女为情所困，有烦恼；毕业了，是考研还是工作，是留在国内还是出国，有烦恼；工作了，买房、买车、结婚、生子，有了孩子，孩子抚养、入托、上学等，有烦恼；人到中年，替老少操心，有烦恼……

常言道："家家有本难念的经，人人都有烦心的事。"人有七情六欲，喜、怒、忧、思、悲、恐、惊。生活起伏跌宕，生活中有酸甜苦辣皆是人之常情。关键是我们对它的认识、理解、对待、处理、调控是否得当。

因此，活在当下，就是要"在这里，在现在"。人不能没有过去，但不能总是沉迷于过去；人不能不去规划未来，但不能总是沉浸于未来。总是沉迷于过去，就会失去现在，使现在活得不像现在；总是沉浸于未来，或者是活在虚无缥缈的幻想中，或者因为背负着未来沉重的压力，同样使现在活得不像现在。活在当下，就是要珍视现在，以现在为基础，抓住现在才会忘记过去，抓住现在才会把握未来。活在当下才会抓住现在，把握现在才能成就未来。

但是怎么样才能活在当下，抓住现在呢？也许改变一下对待问题的态度就可以了。工作不顺心，要学会"如果当不了船长就当个船员"；困难解决不了，要学会"山不过来，我就过去"；环境不如意，要学会"如果改变不了环境，就去适应环境"等。换一个方向去思考问题，换一种角度去对待问题，所有问题可能就会是另外一种结果，所有结果可能都好像阳光一片，如果一味地钻牛角尖，真的可能使所有结果好似阴云一片。所以，态度决定一切。

追求阳光心态，按照心理学的观点就是健康的心理活动。

孙梁这样描述他的经历：刚到现在的公司时，工作非常辛苦，看到别人，尤其是比自己职位低的人工作强度和压力都比自己小，待遇却比自己高，我没有生气，也没有发怒，我在这里工作，自然有我在这里工作的理由,我不和别人比,我和自己比。生气和抱怨解决不了问题,那就别去生气,别去抱怨,利用这点时间充实一下自己,把该做的事情做得更出色一些。现在我终于得到了承认,如果一味地抱怨,一味地怨天尤人,可能自己的心情受到了破坏,自己的事业也会受到阻碍,你就不会有进步,那组织也就不会有承认你的那一天。有了阳光心态,人就变得容易快乐,生活更有活力,性格也更开朗了。

一家电厂,效率高,待遇好。但是员工一迈进厂大门心情就糟糕,一出厂门就心情特别好。一出厂大门,向他们兜售商品的人如同夹道欢迎,让他们感到很自豪。回到家里亲戚朋友也对他们羡慕、赞美,而到了厂里,发现自己地位不高,工资也不是最高,就烦恼了。

解决的路径就是:在单位里形成一个文化氛围,不要互相比较工资待遇,消除官本位文化。

第六个工具

心 造 幸 福

什么是天堂？我把良好的心境定义成天堂，把糟糕的心境定义成地狱。良好心境中的人幸福感更强。

幸福是一种感觉

描述幸福的指标有两个：一个叫作幸福指数，是客观的数据描述，是给别人看的；一个叫作幸福感、满意感，是主观的自我感受。

一个人幸福不幸福，在本质上和财富、地位、权力没有必然的关系。幸福由思想、心态决定，心可以创造天堂，也可以创造地狱。

一个收废品的男人骑着一辆三轮车，车上装满了破烂，今天他的收获可观。车上坐着一个女人，面向这个男人。两个人谈笑风生，脸上洋溢着喜悦，估计内心充满幸福。那种幸福的感觉就如同一个事业有成的男人开着奔驰，旁边坐着自己的女友。比较一下，三轮车上的两个人幸福还是奔驰里面的人幸福呢？

可以说，他们的幸福感至少是一样的，甚至有可能收废品的男人幸福感更高，因为他知足惜福。

一个喜欢与人为敌的日本武士问一个老禅师："师父，请问什么是天堂，什么是地狱？"老禅师轻蔑地看了他一眼，说："你这种粗糙、卑鄙的人，根本不配和我谈天堂。"武士被激怒了，嗖地拔出刀，把刀架在老禅师的脖子上，说："糟老头，我要杀了你！"老禅师平静地说："这就是地狱。"武士明白了，愤怒的情绪是地狱，把刀收回，磕头谢恩，决心以后不再与人为敌，保持好情绪。老禅师又平静地说，这就是天堂。武士听明白了，心态决定一个人在天堂还是地狱。

什么是天堂？我把良好的心境定义成天堂，把糟糕的心境定义成地狱。良好心境中的人幸福感更强。

心理学家关于幸福的理解是：

幸福与性别、年龄、财富无关。生活得快乐与否，完全取决于一个人对人、事、物的看法，因此幸福是由思想造成的。坐在奔驰车里的人可能心里郁闷，骑在自行车上的人可能心情舒畅。吃着鲍参翅肚的人可能有怨恨，吃着粗茶淡饭的人可能喜悦。民工一天劳作后下班了，一裤脚泥水，左手二锅头，右手花生米，给人一种尽享人生欢乐的样子。住在茅草屋里的人同住在摩天大厦里面的人苦恼和幸福的程度是一样的，只是内容不同。

> 吴爷爷牵着四岁的孙子迎面走过来，小家伙咧着没长齐的小牙边走边唱："如果感到幸福你就拍拍手，啪啪……如果感到幸福你就跺跺脚，咚咚……"这是今天幼儿园老师教的新歌。吴爷爷在下午温煦的阳光中眯缝着眼睛，满脸幸福惬意的笑容。
>
> 小孙子抬头问："爷爷，什么是幸福啊？"
>
> "幸福就是开心快乐啊。"
>
> "哦，那吃糖糖、叠纸飞机算不算幸福啊？"
>
> "对啊，幸福就是吃糖糖、叠纸飞机。"
>
> 59年前的吴爷爷也有过同样的幸福感。1949年，响应党"解放全中国"的号召，意气风发的少年和一群同样进取的同事们在香港发动起义，从罗湖桥的那头战斗到这头，从英国的殖民统治迈进了祖国新社会。站在沧桑、古旧的桥上，少年看到飘扬的五星红旗，看着河水汩汩而流，一切生机勃勃，蓄势待发，心中升起一种重生的幸福感。
>
> 57年前，吴爷爷的幸福感来自一架飞机，当然不是孙子的纸飞机，而是真的飞机。他和海关的同事们联合捐款积极支援抗美援朝，倾其所有捐献了一架飞机。这种幸福一直延续至今，每当天空有飞机飞过，吴爷爷的眼睛便开始熠熠生光，那是来自心灵的光辉。
>
> 35年前的吴爷爷对幸福的理解是：冷也好，饿也好，活着

就好。三年自然灾害、国民党军队反攻、饥饿、空袭、敌对势力。炸弹经常在他工作的罗湖检查站爆炸,他和同事们展开了一场又一场反爆破斗争。那样的年代,生命是一件奢侈品,活着就是幸福。

"何幸八十脑未昏,认真学习仍不忘。老伴笑我真离谱,饱读诗文上玉廷。"笔力遒劲,收放自如,一如本人,睿智豁达,岁月的沧桑也带不走那无欲无求的笑容。吴爷爷的这幅字帖悬挂在老干部楼的走廊上,孙子手舞足蹈地指着字卷,他知道这是爷爷的东西,虽不懂其中意味,却同样笑得灿然。

幸福,其实很简单,无论大小轻重,无谓年龄阅历,任何人都可以拥有。幸福,可以让两颗相隔半个世纪的心贴在一起。

为小事高兴

会为小事高兴,就会有更大的值得高兴的事情出现。一个整天抱怨被不公平对待的人,即使得到了公平他也不会认为是公平的。别人为你做了一点好事情,请欣赏他,就会有更多好事出现。

两个太太逛街,碰到了便宜衬衫,两人都给先生买了一件。甲先生一穿挺合身,很好。乙先生一看是便宜衬衫,说这是啥破玩意儿,我这么高层次的人怎么能穿这么便宜的衬衫,把衬衫扔一边了。两位太太的心情就不一样,乙先生的太太恐怕再也不会主动给先生买东西了。

走出门去,被小事感动,一天心情都阳光明媚。

优待身边的人

如果你不能和周围的人友好相处，你就不会幸福，你更多的是靠周围的人生存，其他地方认识的人再多，同你日常生活距离太远。有人说，我有很多铁哥们，但都在远方，需要帮忙的时候远水不解近渴啊。有人把办公室的同事当成对手，错了！关键时刻真正能帮助你的，还是你身边的同事。

接下来我们就用这个原理创造天堂和地狱。

怎么才能把别人变成天使呢？要学会感恩、欣赏、给予、宽容。有一次我和一个听过我的课的学生通电话，我问他最近在干吗？他回答说："在造天堂呢。"

> 如果你把别人看成是魔鬼，你就生活在地狱里；如果你把别人看成是天使，你就生活在天堂里。

学会亲密地对待朋友、配偶，能够一下子数出五个亲密朋友的人，比 60% 不能数出任何朋友的人一定感到幸福。

如果你给自己的目标是造福人间，你就应该先造福身边的人。如果你是一个老板，造福社会之前先让自己的员工体面地生存，"一屋不扫，何以扫天下"。如果你对远方的朋友很好，别忘记对身边的朋友也要好，否则你会孤独，孤独的人往往是由于采用"远交近攻"策略所致。

享受瞬间

把孩子的微笑当作珍宝，在帮助朋友时得到满足，与好书里的人物共欢乐。生命是由一个个瞬间串起来的,因此要学会享受瞬间。如今社会压力越来越大,节奏越来越快,工作越来越忙,要学会忙里偷闲,不要放弃每个休闲的机会。

> 生活像一串珍珠项链,一个个的瞬间就是一颗颗珍珠,把每个美好的瞬间积累起来,积累瞬间才能够做成项链。

你现在能够回忆起来的肯定是一个个的事件,你将来能够回忆起来的也还是这些事件,所以应该创造体验美好事件的机会,享受每个美好的时刻,记住每个美好的情景。

增强积极的情绪

消极的情绪会使人沮丧,积极的情绪催人奋进。幸福的人最擅长的就是努力消除消极情绪,延长积极情绪的时间。我们不能使自己长期陷入坏情绪状态,可以用阳光心态的原理使自己尽快从不愉快的状态中解脱出来。

以下是一些调整情绪的办法:面带笑容,这样情绪会被表情带动而更感到幸福。不要过枯燥的生活,不要无所事事,不要把自己困在电视机前,要沉浸于能够施展你能力的事。户外运动是对抗压力和焦虑的良药。

诺贝尔说过:"知足是唯一真实的财富。"

还是回到那个老问题,现代人究竟有没有比过去感到幸福?

孔东是一位事业有成的男士,他这样回忆他的过去:20年前我家住在一个不足18平方米的小屋之中,每月的米、面、肉、蛋都是凭票供应,生活之艰辛可想而知。但是每次过年时的情景我还记忆犹新。母亲烧上十来个菜,一家人围聚在饭桌旁,看着9英寸的黑白电视机守夜,确实是其乐无穷。这种幸福的感觉至今令人回味无穷,而现在,我每天的生活水平都比那时过年高,下馆子是常事,想吃什么点什么。但是,我并没有感到幸福。我感到吃饭、应酬占去了我许多人生的宝贵时间,却没有带来任何乐趣。但是现代人除了吃饭,还有哪些乐趣呢?

想当年我一个人从城里向北一直骑到十三陵,向西一直骑到潭柘寺,那时虽然路上花了我一整天的时间,但是我感到世界是那么美好。

现在从马甸桥出发,不到40分钟就可以到十三陵;向西出了六环,很快就到潭柘寺。但是再到这些地方,也就是在庙里转上半个钟头,然后就打道回府睡午觉。当年一边骑车一边啃面包的乐趣早就灰飞烟灭了。

工作越忙碌,静下心后越空虚。我们究竟应该怎样面对生活呢?

人活着就要塑造自己的阳光心态,塑造阳光心态就要善于"活在当下","活在当下"就要学会感恩、知足、达观。

这个改变,从改变对别人的态度开始。因此孔东用阳光心态的理论重新塑造了他对下属D的看法。

D出身于知识分子家庭,16岁考上大学,20岁参加工作。尽管经过了岁月的洗礼,还是能够看得出她当年的风采。

D是我的下属,以前我最看不惯的是她的我行我素,而她之所以我行我素,是因为她的才智曾经很受老领导的赏识,业务上对她言听计从。10年来一贯如此,所以养成了这样的习惯。经历机构改革,老领导退居二线了,她也失去了直接支持,心理上也存在了一定的落差。

两年来,尽管我们矛盾重重,但是我们还是在一起做了不少事,取得了很多工作成绩。由于我曾经对她很反感,总是认为她的努力不值一提。其实仔细想想,她还是在用她的经验、才智努力工作。因此我要学会感恩,天有不测风云,人有旦夕祸福。我们虽然意见上有时不合,但大家都平顺地度过了这些岁月。人都不是完美的,领导必须体现出气量来,用达观的态度对待下属。

孔东塑造的阳光心态是:从今天做起,从对一个人的态度改变做起。

态度改变了,人就变了,事情也就变了。行为改变,可以带动心境的改变。

行动创造情绪,模仿一个人的生理状态,可以获得同他一样的心境。心境由心而生,行为是心境的反应,行为和注意力影响心境。心境的控制决定一生的命运,心境影响能力。无精打采时,抬头挺胸走路可以振奋精神。如果你感到不快乐,那么唯一使你变得快乐的办法就是振奋精神,用行动和言词带动你的快乐。

对选择投入

如果你对所做的事情有兴趣,就会获得好心境。

> 日本帝国酒店的创始人，在年轻时就梦想自己未来能够经营一家酒店，所以不远千里坐了两个月的船，到英国去学习"旅馆经营"。
>
> 他刚到英国时，第一个工作就是擦玻璃，他很不服气地想道："要擦玻璃，我不会留在日本擦吗？为什么要大老远跑来学擦玻璃？"这使他感到非常沮丧，直到有一天，他看到一位英国人一边吹口哨，一边擦玻璃，把玻璃擦得发亮，就好奇地问他："擦玻璃有什么值得高兴的？"那个英国人回答："你看看我擦的玻璃，照亮了每一个路过的人，而你擦的玻璃却一点都不明亮。"语毕，他恍然大悟，原来做任何事情都要用心、彻底、全情投入，这样才能做得好，做得愉快。

人的一生，就像一趟旅行，沿途中有数不尽的坎坷泥泞，也有看不完的春花秋月。如果我们的一颗心总是被灰暗的阴影所覆盖，干涸了心泉，黯淡了目光，失去了生机，丧失了斗志，我们的人生轨迹岂能美好？但如果我们能保持一种健康向上的心态，即使我们身处逆境、四面楚歌，也一定会有"山重水复疑无路，柳暗花明又一村"的那一天。

如果你希望生活有所改变，最简单的方法，就是从这一刻起珍惜光阴，并认真地对待经历的每一件事情。如果你愿意去实践，相信你的生活一定会更快乐、更有意义。

虽然有健壮的身体，但是心态阴暗、狭隘，就不能成为一个健康的人。在此基础上拥有阳光的心态，才是健康的人。是否拥有阳光的心态，与年龄、职业、贫富无关，完全取决于个人。有人年轻，他的心却已老了；有人老了，他的心却还年轻。

魏凤这样回忆她的过去：上大学的时候，我也经常又想玩儿又想学习，结果是学习的时候想着玩儿，玩儿的时候又想着学习，哪个也没弄好。记得刚上MBA的时候，功课很紧，恰好那时我又换到了另一个部门，工作比较忙。那时候老出差，落下了一些课程和作业，而且马上要考试了，元旦单位组织聚餐，完了以后又要一起唱歌。当时我很着急，不想参加。但是部门领导不太同意，而且我也怕扫大家的兴，就同意参加。听着他们唱歌，觉得很无聊，觉得是浪费时间，很希望马上结束。开始我有些坐立不安，心烦意乱，后来看架势，一时半会儿也完不了，就想反正也回不了家，与其痛苦地熬着不如和他们一起唱。平时唱歌，还要自己出钱，现在就当别人免费请我唱歌好了。这样一想，我心情好多了，加入了他们的行列。由于我做到了"活在当下，享受过程"，时间也过得快了，感觉一会儿就结束了，而且由于自己把这个活动当成了娱乐，而不是一种负担，心情也比开始时好多了。想想自己如果一直不高兴，还不能回去学习，解决不了任何问题，而且心情会很差。所以说心情的好坏，都是自己决定的。任何人都不能改变自己的心情，不能改变环境，不如就适应环境。

　　我报考MBA的时候毫不犹豫地就选择了清华大学。那是因为，我高考的时候就想上清华，那时候一是对自己的成绩不够自信，怕考不上；二是父母不想让我离开家，于是没报清华而报了离家只有10分钟路程的西安交大。等成绩下来以后，我的分数很高，超过清华分数线很多。当时，我很后悔，我的父母、亲戚、朋友也觉得惋惜。虽然交大也不错，但是每次想到的时候，总是很遗憾，觉得可能上了清华，我的命运就会更好些。但事实是改变不了的，于是我就安慰自己，清华都是尖子学生，功课重，压力大，那时我还小，也许不能承受。清华有很多人感觉压力大，甚至还有人想不开，走了极端。也许上了清华，我的结果还不如现在呢。自己的命运在自己手里，我工作八年之后通过努力，考上了清华的 MBA，圆了我的清华梦，我想通过几年的学习，我必定有一定提升，对今后一定有很大的帮助。现在来听清华大学的领导学课程，不是也很好吗？

第七个工具

逆 境 商

即使再锐利的东西,如果轻易就断掉,用处也有限。人固然需要刀片般的锋利,可也需要柳条一样的柔韧。柔中带刚,刚中带柔,方里见圆,圆中显方,才会活得自由自在。

逆境商的概念

每个人在生活中都会不同程度地受到挫折,人们在受挫折后恢复的能力却各不相同,有些人弹性十足,有些人一蹶不振,而大多数人则介于两者之间。逆境商全称逆境商数、厄运商数,一般被译为挫折商或逆境商,是指人们面对逆境时的反应方式,即面对挫折、摆脱困境和超越困难的能力。1997年,加拿大培训咨询专家保罗·斯托茨博士出版《挫折商:将障碍变成机会》一书,第一次正式提出挫折商的概念。2000年,他又出版了《工作中的挫折商》。这两本书都成为探讨挫折商对人们影响的重要著作。"逆境商数"(adversity quotient,AQ)的概念,用于衡量一个人应对挫折、逆境的能力。

保罗教授将逆境商划分为四个部分:①控制(control);②归因(ownership);③延伸(reach);④忍耐(endurance),简称为"CORE"。

(1)控制,指个体自己主观感受到的对逆境的控制能力。面对逆境,控制感弱的人认为自己无能为力,没办法控制;控制感强的人则相信自己,积极主动地采取措施改变所处的环境。

(2)归因,是指个体所认为的导致逆境的原因以及个体愿意承担责任、改善后果的情况。它可分为内部归因与外部归因。内部归因是在逆境中把失败或挫折的原因归咎于自己的内部因素,外部归因是把失败或逆境的原因归结为外部因素。

(3)延伸,是对逆境影响范围的评估与觉察。一般而言,高AQ的人,会把逆境视为特定事件,觉得自己有能力处理,能够将其消极影响降至最小,而低AQ的人,逆境的消极影响范围则会不断扩展,直至影响到其学习、生活和工作的方方面面。

(4)忍耐,是指认识到问题的持久性以及它对个体影响的持续时间。AQ 低的人，逆境带给他的消极影响比较长，他在主观上也会认为这种影响很难消除，而 AQ 高的人则与之相反。

弯　曲

人压力太大的时候要学会弯曲。

有这样一个故事，加拿大有一对夫妻总是吵架，两人就出去旅游，以此来挽救自己的婚姻。两人来到魁北克的一条南北向的山谷，惊奇地发现山谷的东坡长满了松树和桦树，西坡却只有雪松，为什么东西坡差别这么大呢？他们发现雪松枝条柔软，积雪多了枝条就压弯了，雪掉下去后就又复原了。别的树硬挺，最后树枝被雪压断了，树也就死了。两人明白了，压力太大的时候要学会弯曲。丈夫赶快向妻子检讨，都是我不好，我做得不对；妻子一听丈夫检讨了，马上说，我做得也不够。于是双方和好如初。

即使再锐利的东西，如果轻易就断掉，用处也有限。人固然需要刀片般的锋利，可也需要柳条一样的柔韧。柔中带刚，刚中带柔，方里见圆，圆中显方，才会活得自由自在。传统观念教育人宁折不弯，结果折了，再想弯都没有机会了。

我们要向中国传统文化中的太极学，阴阳平衡，以柔克刚；要向古币学，取向于前，外圆内方，如图 5 所示。当然这样很难，但是可以努力。

图 5　太极与古币

砖块与罗汉理论

一块砖,当把它放在草坪上时,没有任何砖挤压它。如果它参与了一面墙体的构造,就要受三个力的作用:挤力、压力、支撑力。受到来自左右砖块的挤力,上面砖块的压力,下面砖块的支撑力。如果它参与的是建设小平房,受到的挤压力量小些;如果它参与的是高楼大厦的构造,它受到的挤压会很大;如果它想不受到挤压,办法只有两个,一是升到最高层,二是回到草坪上。在这三个力量中,对个人有利的力量只有支撑力,另外两个力对个人来说不利。但如果想参与墙体的构造,必须受到挤压,而且正是因为有了相互挤压才会构造出墙体。即使是放在最上面的一块砖,也要受到房梁的挤压。

一个人犹如一块砖,加入一个组织就如同参与一面墙体的构造,也要受到挤压。受到挤压是痛苦和烦恼的,如果不想受到挤压,就只有独立。如果不想独立,又不想离开这个组织,又不想受到挤压,是不可能实现的。即使到了组织的最高层,仍然有来自组织之外因素的挤压。如何解决这个矛盾?不能改变事情就改变对事情的态度。把挤压当作正常!锻炼自己的心理承受能力,不要把挤压当成烦恼,而是作为正常现象来对待。换个角度想,由于有了相互挤压,才构造了团队。你也在挤压别人,也在为挤压你的人提供支撑力。把别人对你的挤压看作你对别人的支撑，没有这种挤压和支撑，组织就无法存在，团队更是无法组成，如图6所示。

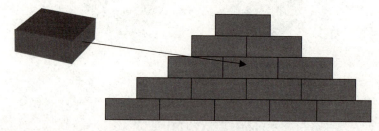

图6　砖块理论示意图

没有别人的陪伴，人就会孤单得难以忍受。人带着强烈的、爬上去的欲望加入一个组织，也同样会体会到孤独。人带着一颗平常心生活，才会舒心。

我们如果供职于一个优秀的组织，即使处于十分不重要的位置，获得的能量也会十分了得。虽然受压，但我们是在为一个优秀的组织供职，请珍惜这样的机会。

在工作和生活中，我们难免会碰到不如意的事情。我们是普通人，一定会犯这样或那样的错误，因而也会受到来自他人或是自身的责难。不断总结教训而取得进步是必须的，同时，如何在心情沮丧的时候进行自我激励，让自己从不良情绪中解放出来，以健康向上的心态看待错误和挫折，是我们每个社会人必须修炼的功课。

如果我们不重视自己的心理健康，不良的心态就会像病毒自我复制一样，是可以放大和向外传递的，越是放任挫折和逆境所带来的不良影响蔓延，造成的恶果就越大。相反，如果我们可以以积极的心态来面对逆境，乐观地看待我们所面对的挫折，就能够帮助自己从恶劣的心情中解放出来，从失败中吸取教训，为以后的成功做好准备。

在现代的人力资源管理中，已经对这种"以阳光心态对待逆境"

进行了一个定义，那就是要求员工能够"自我激励"。其含义就在于要求员工在从事繁忙的工作时，能够乐观地面对各种挫折，将注意力放在"把事做好"上，不断激励自己，保持向上的乐观心态。

人一生有四个目标：

- 活下去。
- 快乐地活下去。
- 在这个组织中活下去。
- 在这个组织中快乐地工作。

第一个目标是要让自己活下去，人的本能就是活下去。第二个目标是快乐地活下去，通过改变态度我们能够更加快乐。第三个目标在这个组织中活下去，喜欢哪个组织就加入哪个组织，喜欢清华大学到清华大学工作，喜欢五矿公司到五矿公司工作。第四个目标是在这个组织快乐地工作。遗憾的是一些人第四个目标没有实现就把自己毁灭了。一个著名大学的博士留校任教，工作七年还没有晋升为副教授，他心情烦恼焦虑，工作刻苦努力，结果心脏骤停，抢救无效去世了。新的员工填补了他的位置，组织还同以前一样运转，只是孩子没有了父亲，父母失去了儿子，妻子失去了丈夫。所以，健康快乐地工作远远胜过升上去的迫切心理。

别把自己看太重

有一头骆驼从沙漠一端，辛辛苦苦地走到另外一端，它很辛苦，没想到一只苍蝇趴在骆驼背上，一点力气不花。苍蝇飞过来还逗骆驼说:"骆驼辛苦你了,谢谢你把我驮过来,我走了,再见!"骆驼看了一眼苍蝇说:"你在我身上的时候我根本就不知道,你走了也没必要跟我打招呼,你根本就没什么分量,别把自己看得太重!"

2004年清华大学经管学院20年院庆,院长说今天是20年院庆,校友们返校,建议老师都留在学校接待校友。我坚决响应领导号召,不出差了,坐在办公室里面等,等别人来看我。快到11点了没一个人来看我,我心里很不是滋味,怎么没有人看我呢?没关系,我到外面去,走到外面很多人跟我打招呼:吴老师我们听过你的课,你讲什么课来着?我烦恼得很,我这么重要怎么没有人知道我,也没有人把我当一回事儿?不舒服,不舒服想办法让自己舒服。研究情绪管理,管理自己的情绪。为什么不舒服?是把自己看得太重、太高了。然后我就想出来两条道理:不把自己看得太重,你就不会失重;不把自己看得太高,你就不会失落。当你觉得自己很重要,就需要别人尊重你,别人不拿自己当回事儿的时候你就难受;当你自己觉得很高,就需要有人抬轿子,没有人抬你就不舒服。别把自己看得太高,别把自己看得太重。情商管理不能避免你自己进入情绪的负面状态,但是它可以使你快速摆脱出来,伤不着你。这样,你就修炼成了,你会过得非常舒服,你会活得很开心。

不 认 输

有了挫折怎么办?磨难是一笔宝贵的财富。有了问题怎么办?把问题当成锻炼、成长的机会,学会享受解决问题的过程。

王永河出生于四川省一个偏僻的山村。1988年秋,正在为圆大学梦而做最后冲刺的王永河,迫于家庭困难,不得不含泪离开校园。他的辍学缘于5月份那场使他家遭受灭顶之灾的诉讼。由于老实巴交的父亲不懂法,被人怂恿,糊里糊涂地在别人的贷款书上签下了自己的名字,从而遭遇飞来横祸。这笔巨额贷款,犹如一座大山压在全家人头顶上。在漫长的诉讼中,家里的粮食及值钱的东西全部卖尽,一家人生活无着,仅靠父亲一人上山砍柴根本无法养家糊口,无奈之下,懂事的王永河只好辍学离校,和父亲一起挑起家庭的重担。但稍有空闲,他仍然拿起书本,想圆自己的大学梦,同时,自家的遭遇和平时的耳闻目睹,使王永河为老百姓法律意识差而扼腕痛惜。他想,我要是一名律师,就能维护像父亲那样不懂法的父老乡亲免受不必要的伤害,于是当一名律师的愿望又在时时激励着他努力自学。

尽管王永河和父亲拼命劳作,但是一贫如洗的家庭仍没有走出困境。眼看着自己的理想渐渐化为泡影,王永河决定背井离乡,变换一种生活方式,以寻求生活的出路和命运的转机。于是,1989年8月,王永河手攥着东挪西借来的320元盘缠,告别家乡来到天津。为了找工作,每天他都四处奔波,小心地赔着笑脸,怯生生地走进一家家企业。不知跑了多少路,遭了多少人的白眼,可跑了两个月,却没有撞开一家企业的门槛。打工的愿望破灭后,王永河只好去做苦力,他在一个建筑工地上做小工,拌水泥,拎灰桶,这些粗活一天干下来,瘦小的王永河常常累得趴在地上,闭上眼睛不想起来。体力上的折磨,他咬咬牙,拼了命地承受了,而最让他不能忍受的是晚上宿舍里那乱哄哄的扑克声、麻将声以及不堪入耳地谈论女人的污言秽语声。在这片乌烟瘴气中,哪有他一方读书的天地?为此,他断然辞掉了这份来之不易的工作。

举目无亲的王永河一时成了天津街头的流浪者。白天饿了买块饼充饥,到了晚上,他只得露宿街头。后来,一位好心的当地人看他怪可怜的,便介绍他到一个瘫痪在床的老人家里做保姆。当日,在见主人时,王永河提出我什么苦活儿累活儿都愿干,工资少点也无所谓,只求能给我一点读书的时间。得到主人的允诺,王永河兴奋极了。由于老人长期瘫痪在床,性格变得比较古怪,主人先后请了10多名保姆照料老人,均因无法忍受老人的脾气先后离去,而王永河却默默地承受了这一切。微薄的150元工资,他几乎全部用在购买书籍和资料上。但在周围人的眼里,一个小伙子当保姆,是多么卑微和低贱,王永河一下子成了大家茶余饭后的谈资笑料和鄙视的对象。一次,主人家的子女想在不增加工资的情况下,让王永河多做一些额外的活儿,王永河考虑到自身利益,没有马上同意,哪知却遭来老人女婿一顿带有侮辱性的训斥:"你记住,在我们这里你永远是保姆,要听从主人的安排!"王永河很气愤,男子汉的自尊心受到莫大的伤害,真想和那人大干一场,出口怨气,但是为了自己的理想和追求,他忍了。他安慰自己,我是堂堂正正的男儿,应该拿得起放得下。渐渐地,王永河以自己的真诚和行动赢得了老人及其家人的信任和赞赏,并与他们建立了深厚的感情。

后来,在这家人的介绍下,他来到一家化工厂打工,厂里安排他做烘箱工。车间温度很高,浓烈的甲酸味熏得他头昏。一天,他感到浑身乏力,头痛欲裂,呼吸严重困难,实在支持不住，便向班长请了个假，跌跌撞撞地走出车间。当时正下着雨，他推着自行车，上气不接下气，只好走几步，就伏在自行车上歇一歇，一个小时才走了一里多路，最后终于支持不住了，不省人事地倒在雨地上。经过抢救脱险后，为了谋生，更是为了心中那永不熄灭的理想之火，他又拖着虚弱的身子去上班，可身体还是严重过敏。他以为自己多休息一段会适应，哪知一次、两次、三次……过敏使王永河几乎绝望了。但伤心过后，不甘听从命运摆布的王永河愤然写下："天不生路我开路，发奋图强第一尊。"

1990年6月，王永河报了法律专业的自学考试，迈出了走向律师队伍的第一步。此刻，他全然不顾过敏的折磨，又毅然走进了车间。车间主任问他："听说你想当律师，连住院都捧着书看，你告诉我有没有成功的信心。"王永河回答道："只要不死，我一定要沿着这条路走下去。"车间主任拍着他的肩膀说："好，有种，我一定尽最大能力帮你。"此后，车间主任尽可能将冲厕所、打扫卫生以及一些辅助活儿等不与甲酸直接接触的工作交给他。这关心和帮助使王永河感激不已，当晚他就制定了三年的奋斗目标：通过两年自学考试，拿到法律专业大专毕业证书，再一年通过全国律师资格统考。工作把白天的时间占得满满的，他只有利用晚上的时间挑灯夜战，每天凌晨3点他才敢合眼睡觉。过度的体力和脑力消耗，使他常常感到体力不支。一天他照例骑车去上班，途中突然眼前一黑，连人带车栽进水沟里。从此王永河每天干脆步行七八里路去上下班，同时利用路上的时间记忆、理解和掌握法律知识。1992年12月，他终于获得了法律专业大专文凭。

1993年,他又报名参加了全国律师资格考试。这类考试,一是参加人数多,录取比例小;二是参加人员的素质高、学历高。因此,竞争异常激烈,不知比自学考试要难多少倍。但王永河却暗下决心,一定要一次通过。

尽管身体过敏的程度有所减轻,但他仍然没能摆脱过敏的折磨,每次发作都让他死去活来,严重地影响了他的学习。于是他抱着试试看的心理,捧着大专文凭,找厂长帮忙,看看能否换个工作,哪怕是做仓库管理员、清洁工也行。但是,结果让王永河失望了。

律师资格要求的知识面较广,王永河的基础又差,仅靠看科教书是不行的,他只好花钱买更多的资料。本来工资不高的他一个月下来也剩不了多少钱,他经常吃的是泡饭就咸菜,穿的衣服补了又补。他像着了魔似的拼命读书,临考前一个月,他向厂里请了假,进行最后的冲刺。

王永河以顽强拼搏的精神和坚韧不拔的毅力再一次获得了成功。1993年12月,王永河被告知通过了全国律师资格考试。当他得知这一消息时,百感交集,禁不住留下了两行热泪……

1994年8月,王永河被天津市一家律师事务所聘用,几年下来,王永河承办的诉讼案件和非诉讼案件400余宗,无偿提供法律咨询近3000人。工作中,他始终坚持在尊重事实和法律允许的范围内竭力维护当事人的合法权益,以自己的行动履行着当初的诺言。

王永河不向厄运低头,自强不息,敢于向命运挑战的不凡经历可以给我们这样一些启示:一个人要想成功,他必须具有不向命运低头的坚定信念,具有持之以恒的奋斗精神,即便是身处逆境,也要坚信自己的能力,运用好操之在我的理论,努力调整和把握自己的情绪,这样才能使自己在人生的道路上赢得主动,赢得未来。

谷底原理

阳光心态取决于对待问题的态度。人的一生由问题构成,一出生就会面临一系列的问题,幼儿园、小学、中学、大学、结婚、工作、生小孩、晋升、工资、生病、死亡……问题多如牛毛,层出不穷,人活着就是要面对一个个问题,然后解决一个个问题。对待问题的态度影响解决问题的能力,把出现问题当成正常的事,人来到这个世界上就是为了解决问题。解决的问题越多,你的阅历就越丰富。把问题看成是成长的机会,是达到目标的最好教练。

一个女士和先生吵架,一吵架就生气,一生气就气上十天半个月。先生说求求你了,别再生气了。她说,不行,我就是要气给你看。她就这样经常生气,等到有一天她突然发觉肚子痛,到医院一检查,已是癌症末期。很多人想不开,气死自己哪里值得?所以说好心情要给自己看,好心情给自己来体会。

生命的本质是趋利避害,使自己痛苦的事情应该尽力躲避。如果回忆使人痛苦,那么人就要避免去回忆它,时间长了就淡忘了。最不能离开你的就是你的小孩,但是他在没有你的时候也能够活下去。

人在失去父母的时候会感到天像塌下来一样,但是看看外面的世界,房子照样在,太阳照样明亮,星星还和往常一样闪耀,别人家的老人、孩子仍然在嬉笑玩耍,花还在开,鸟还在唱,蝴蝶照样飞,好像没有发生什么事,天并没有塌下来。原来这种孤独只是自己内心的感受而已,对这种孤独加以解释是没有用的,时间和活动是脱离孤独的最好办法。设法用各种活动把自己的时间填满,使得自己没有时间去体验孤独和空虚,过一段时间心理适应了新环境,就会在新的状态下重新获得平衡。然后会发现太阳还是那样炽热,月亮还是那样明亮,世界还是那样美丽。

在坑里面待一会儿的人,是镇静自若的人,这种人遇到突发事件不会自乱阵脚,坚信没有过不去的挫折。

如果你已经在坑里了,你就再也不会往下掉了,如果已经很差了,就不会再差了,已经到了谷底,接下来一定会反弹,以后一定比现在好,咬咬牙就过去了。

有人说不对吧,有人还在谷底挖坑吧?如果谷底有坑一定是自己挖的,这比破罐破摔更甚,不从挫折中总结经验教训,恨自己,恨家人,恨社会,恨朋友,不光改变不了现状还会搞垮自己的健康,把自己的处境搞得很惨。谷底原理如图7所示。

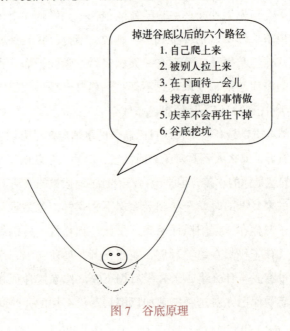

图7 谷底原理

一位母亲痛苦地告诉我，他的小孩功课不好，班级第 40 名，而且班级一共才 40 名学生。我高兴地告诉她："放心吧，你尽可以放轻松，因为你的孩子再也不会退步了，他不会落后到 41 名。到了谷底了就再也不会往下掉了，只会进步了。"这位母亲眉开眼笑。最容易被人忽略的是山谷的最低点，这也是山的起点，走进山谷的人之所以走不出来，因为他们停住脚步，蹲在山谷烦恼、哭泣的缘故。

顶梁柱原理

一根顶梁柱造好后，它的使命就是承重。一旦承重了就会受压，然后这根柱子就要呼喊"解压"。解压的路径是把给它压力的梁取下，结果这根柱子就不再有用了。

对付压力的路径有两个：一个是减轻，一个是承受。

身为顶梁柱，压力是不可能消失的，只能锻炼耐压的能力，而且还要感恩有这样的压力，因为有了压力才成为组织的中流砥柱、家族家庭的中流砥柱、社会的中流砥柱。当这个压力不在自己肩上的时候，说明自己已经不再重要了，组织不再依靠自己，子女已经长大独立了，自己的脊背已经弯曲，却不用再承受责任了。那时会让人生出自己已是明日黄花之感。

在北京乡镇党委书记培训班里，有人提问："我的问题和心态是否阳光没有大关系，我的问题是压力太大。"我问："压力来自哪里？"他告诉我："当乡镇党委书记压力就是大。"我说："解压的办法就是别干了。"他说："那不行，那样压力更大了。"

压力是解不了的，只能锻炼耐压的能力。

器字原理

请观察这个器字,手书器字的顺序是先写出哭,再写出下面的两个口,最后器字才能写成。说明成器之前要先哭,正如那些励志的语句所述:"宝剑锋从磨砺出,梅花香自苦寒来。""要知松高洁,待到雪化时。""吃得苦中苦,方为人上人。""岁寒,然后知松柏之后凋也"。

宇航员承受住最残酷的训练,才能够升入太空成为英雄,如果你正承受着磨难,坚持住,相信正在酝酿福报。不是朝三暮四就是朝四暮三,也许有个定数原理。

以下有两份名单,判断他们的区别?你知道名单上的哪些人?

第一份:傅以渐、王式丹、毕沅、林召堂、王云锦、刘子壮、陈沅、刘福姚、刘春霖。

第二份:李渔、洪升、顾炎武、金圣叹、黄宗羲、吴敬梓、蒲松龄、洪秀全、袁世凯。

第一份名单全是清朝的状元,第二份全是清朝的落第秀才。

打桩原理

盖楼时要打桩,一个重锤不断地打在桩子上,桩子被打击后,向地下扎深了一点,再被打击再扎深一点,直到再打不动了,桩子立在了岩石上,这个桩子就可以撑起一幢大楼了。如果这个桩子碎裂了,桩子就会被废弃成为垃圾,而且成为难以处理的垃圾。

一个人在社会中受到打击,类似于桩子受到打击。每次打击都往下扎,扎得越深稳定性越好,就可以在这个社会中牢牢地站稳。

要紧的是不能碎裂或者塌垮,很少有人记住因愤世嫉俗而自暴自弃的人。

斜坡生命球体

人的命运可以比作一个斜坡上的球体,叫作斜坡生命球。这个生命球向下滚动就会沉沦,所以要向上滚动。向上滚动的力量有两个:一个是内力,一个是外力。努力把外力变成内力,这样就能自发向上。心有力就等于拥有了隐形的翅膀,就拥有了向上的力量,这个翅膀会引导你飞向理想的方向。这种思维方式满足波动原理和吸引力法则。

波动原理:你的心态会释放出一定频率的波,这会引发相似波的共振。你释放出积极的波,就会引发积极波的共振。你释放出消极的波,就会引发消极波的共振。如果你表现出积极的情绪,你会激活别人积极的情绪,你对别人有好感,基本上对方也对你有好感。

吸引力法则:心灵具有非凡的力量。心如磁石,如果你心态积极,就会发现并且吸引积极美好。根据"物以类聚、人以群分"的原则,可以推演出"心灵呼唤相似的心灵"。根据佛学原理,万物都有心,如果自己的心是积极乐观的,就会吸引积极乐观的事物。

当一个人为烦恼的事情而抱怨时,建议他改变发现的方向。这个世界其实什么都有,发现什么不重要,重要的是为了心境的美好而主动去发现。

当自己的行为改变时,也会使周围的环境改变。你是系统中的一个要素,一个要素发生了变化,整个系统就会发生变化,来适应那个已经发生变化的要素。这就是变化带来变化。

改变了做事情的方式,就会得到不同的结果。凡事总有解决的办法,不必钻牛角尖。拥有选择权的人,最有可能实现他们的目标。

雁群原理

群雁高飞头雁领。大雁在迁徙时,雁群形状是人字形的,物理学上这叫作"劈"。例如犁、斧子、船头,都是劈的形状。雁群的劈型把空气劈开,分开气流,让后面的大雁省力。如果头雁累了,就换一只大雁来领。没有谁会因为不当头雁而痛苦,也没有谁会因为让位而失落,更没有谁会因为当了头雁而骄傲,一切都是自然发生的。人构成的组织,其竞争单元是团队。头雁就是团队的领导者,它要带领这个团队进入高度竞争与压力的空间,获得一席之地。如果具备竞争力,这个组织前景就会好一些。但是,由于人是感性的,不晋升就会痛苦,在前面的领导因为压力大而痛苦,领不动了让位又因为没有面子而痛苦。

人不要指望能解除压力,只能努力锻炼扛压能力。

第八个工具

创 造 环 境

在一个充满鼓励的环境中获得阳光心态的可能性更大。把这个原理用在工作场所和团队建设中,也会缔造出群体阳光心态的环境。如果你的周围有人心态阳光,就请给他发光的空间。

缔造一个阳光心态的环境

培育一个产生阳光心态的环境，使周围的人都能拥有阳光心态。由于人有自卑和不自信的心态、不甘人下的欲望，因此容不下周围人的优秀，别人张扬一点就会说"给点阳光就灿烂"，这样会形成恶性循环，不能容得朋友的辉煌。宁愿不相识的人成功，也不能容忍自己身边的人进步，甚至家人之间都存在忌妒。这种阴暗的心态换来的也是别人对自己的不宽容和不鼓励。在一个充满忌妒的环境中，阳光氛围难以形成，忌妒是遮盖阳光的乌云。

巴尔扎克说："爱忌妒的人所受到的痛苦是别人的两倍，自己的不幸使得他痛苦，别人的幸福也使他痛苦。"

牛顿定律告诉我们："作用力与反作用力大小相等方向相反。"

人需要相互支撑，没有支撑就会倒下去。在这个世界上人人感到自信心不足，人人需要从别人那里得到一点支撑，包括自己的家人。

我的小孩六岁的时候，秋天我带他外出，看到很大很美的树叶飘落，我问他："树叶掉下了可不可惜？"他说："不可惜，明年又长出来了。"我立刻鼓励他的这种乐观。他八岁的时候竞选班长，十分投入地在家准备竞选演讲稿，结果落选。我担心他受到打击而不快乐，他自己回来说："当班长也没有什么好处，还得扫地。"我鼓励他这种放得下的心态。

他九岁的时候学习奥数，通过考试按成绩好坏分 A、B、C、D 班，他在 A 班，考试的时候我问他："你考试害怕吗？"他说："不害怕，考不上 A 班明年再考。"每次他这样的态度我都鼓励他，这种态度正是我推崇的阳光心态，小孩这种积极心态是在他成长过程中家人通过给予赏识和鼓励获得的。

在一个充满鼓励的环境中获得阳光心态的可能性更大。把这个原理用在工作场所和团队建设中,也会缔造出群体阳光心态的环境。如果你的周围有人心态阳光,就请给他发光的空间。

> 有一个发生在重庆的故事。重庆某医院党委书记的女儿很聪明,从这所学校的二年级跳到另一所学校的三年级,没想到那所学校的学生都学过英语,而女儿没有学过,一下子从山峰到谷底,自尊心、自信心遭到打击。家长吓坏了,后来母亲跟她讲:"你们班都学过英语了,但是也有学得不好的。你们班最怕你的是倒数第二名,你一努力就能把他拿下了。"女儿想,超过他还是容易的,结果一努力她拿了倒数第二名,从此有了自信心,然后女儿就逐渐进步,很快排名就到了班级前列。

教师的职责是育人,工人的职责是造产品。育人与造产品差别很大,产品造出次品可以毁灭它,人变成次品没办法毁灭,还可能给社会带来危害。因此教师无论自己受到了多大的不公平待遇,不论自己受了多大的委屈,都不应把怨气传播给学生。如果教师在学生中制造不公平,会导致学生的心态扭曲。如果教师在学生中散布憎恨,学生将把这个憎恨加倍。如果学校传播阴暗,那么这个社会也一定会阴暗。

如果不公平的待遇来自上级,我的建议是教师不必在意,因为教师不为顶头上司工作,是为自己工作,为学生的未来工作,为个人的使命感、责任感工作。教师应该有使命感,而且是崇高的使命感。拥有人力资源是最大的资源,教师就是在创造人力资源。

学校应该有个让教师释放压力和不公平感的地方,校长要有更加崇高的使命感和责任感,建立一套沟通制度,使得每个教师都能心情舒畅地工作。

人是在流水线上培养出来的,从家庭出生与培育开始,幼儿园、小学、中学、大学、工作单位,一个老师只是育人流水线的一个环节、一个工序。虽然只是一个工序但是责任重大,如同造零件一样,一个工序出问题整个产品都可能成为次品。如果社会上有问题的人多了,很可能是教育系统出了问题。

我的个人教学宗旨是:人不是书的奴隶,书是人的工具。不能把人变成读书的工具,要把书变成使人聪明的工具。把教室变成享受的地方而不是受难的地方,把听课变成享受而不是受难。创立一个轻松愉悦的氛围,让学员在轻松愉快的心境下接受知识。我认为老师可以分成两类,一类传播知识,一类传播智慧。领导学课程的老师是以传播智慧为主的,智慧来源有二:自己的智慧和吸收别人的智慧。

缔造阳光心态需要有氛围。如果你的朋友表现出阳光心态,要鼓励和欣赏他。分享快乐,快乐会加倍;分享痛苦,痛苦会减轻。能够共患难的朋友,不一定能够共欢乐。能够分享你痛苦的朋友,不一定乐于分享你的快乐,乐于分享你的痛苦可能是因为你比他差,这会增加他的自信心和幸福感,这种人具有较强的忌妒心。乐于分享快乐的朋友,是自信和有向上力量的朋友,是真正有胸怀的朋友。为了自己分享快乐时有人欣赏,先学会分享别人的快乐。为了自己的阳光心态有人赏识,先赏识别人的阳光心态。

以阳光心态消除草坪文化

一个组织之所以待遇比较好是因为团队配合得好。有人因为别人比自己强而忌妒,把对方当作自己的敌人,设法把对方的业绩搞得很差,结果这个组织因为缺乏配合而导致业绩下降,自己的待遇也就变差了。

> 一个人因为在某个组织中待遇差而想到了跳槽,于是他跳槽到一个待遇比较好的组织。享受了一段时间的好待遇后,发现周围有人比自己强而生出忌妒心,于是设法打击他使他业绩变差。这个组织的业绩也因为配合失当而下降,这个人的待遇就变差了,于是他又想到了跳槽。
>
> 跳到一个新的组织,他又重复了前面的故事。

这种人是优秀组织和优秀人才的杀手,叫作"除草机"。除草机允许远距离的人优秀却不能容得身边人的优秀,允许对手的组织有优秀的人却不能允许自己的组织有优秀的人。一个组织有这样的人,就会形成草坪文化。由于优秀的人毕竟是少数,最后就导致劣币驱逐良币,优秀的人离开而剩下一些平庸的人。

解脱痛苦的路径就是感恩,由于有这些优秀的人,才有了这个组织的优秀,才有了自己来到这个组织,利用这个组织的影响力实现自己个人价值的机会。

请感恩组织中有优秀的人!

忌妒别人的人不知道自己在做什么,却关心别人在做什么。别人干好,自己不开心,好几天什么事情也干不了。别人事情干砸了,自己高兴,好几天啥事也不干。当自己再睁眼看时,对方已经把自己远远地抛在了后面。再想骂别人,那人已经听不见了。

有人嫉妒同学的优秀,甚至受不了工作和社会中身边优秀的人,

{ 不能忍受身边人优秀的人是除草机。}

还有人允许对手优秀却不能容忍自己人优秀,甚至嫉妒自己团队中优秀的人。这个人心态如此阴暗,他忘了在他最困难的时候,出手帮助他的只有他身边的亲戚和朋友。

> 妒忌别人的人损失的是自己的时间。
> 时间是生命。
> 时间是一切。

你的家里亲戚都是穷人,你就必须付出,否则就会落个为富不仁的骂名。你的朋友钱比你多吃饭就不用你总买单。你的朋友知识比你多,你就多向他学习,时间长了就会超越他,这叫作学于一人之下而用于万人之上。在他面前你虽然没有面子但是你给了他面子,而能够给别人面子的人往往都是因为自己有面子,否则这面子给不出去。

能走多远取决于你与谁同行

成功者都是幸运的,他们在关键的时空点上能够遇到救星、恩人。

有阳光心态,你会成为别人的贵人和恩人,也会遇到贵人和恩人。

你能够走多远,取决于你与谁同行。朋友改变了你的生活方式。与诗词同行,你生活在诗情画意里;与哲学同行,你生活在深刻思考中。

> 我的一个学生,在内地一家上市公司做人力资源总监,他觉得企业地理位置不好,让我给他联系沿海城市。我介绍他去了深圳一家房地产公司做人力资源总监,不久后,他打电话给

我说他离开了那家房地产公司，回到内地一家更小的房地产公司做人力资源总监。

我问："什么原因？"

他说："深圳那个老板变化太快，让我做个计划，刚拿出来他就变了，还总骂人。"

我问："他还骂别人吗？"

他说："老板谁都骂。"

我问："当你想离开深圳这个房地产公司的时候，你给谁打了电话？"

他说："给我在深圳的同学。"

我问："同学说啥了？"

他说："同学说此地不养爷，还有养爷处。咱不伺候他。"

我说："你为什么不给我打个电话？你能够走多远取决于你与谁同行，在关键时候给谁打了电话。其实，一个老板之所以成功不是善变，是因为机敏。他不可能把不合适的计划坚决执行下去。老板谁都骂等于谁都没有骂，他都记不住骂了谁，你为什么要记住呢？改变不了语言就改变对语言的解释，改变不了事情那就改变对事情的看法。"

现在我的这个学生还在艰苦奋斗中，他很后悔："如果当时坚持下去了，我的日子早就好过了。现在才发现，哪里都不养爷。"

能够救人的稻草是关键时刻选择与谁同行。

庄子依据井底之蛙的故事，演绎出的道理是："井蛙不可以语于海者，拘于虚也。夏虫不可以语于冰者，笃于时也。曲士不可以语于道者，束于教也。"不能问井底长大的青蛙海的大小，它受到了地理位置的限制。不能问夏天的小飞虫冬天的冰雪世界,因为它受到了时间的限制。不能问没有道的人道理,他受到了教养的限制。

庄子说的就是一条关键原理:你能够走多远取决于与谁同行。

支撑别人而增加魅力

在这个世界上,人人都缺少向上的力量。如果能给予别人支撑,你将获得回报。人有各种恐惧,谁能够解决其中的恐惧,谁就拥有追随者,谁就具有个人魅力。

> 李力这样回忆他的经历:作为项目总监,我经常会为如何提高手下项目经理、客户经理的业务能力而费尽心思。
>
> 我手下有一位客户经理到公司工作快半年了,她到我们公司前在中海集团工作,业绩一直不错。但最近一个月来,我发现她在说话及做事时常常表现得信心不是很足,公司安排的技术支持人员同她配合时,也经常发生矛盾,我一直想找机会同她聊聊,但一直没找到比较好的方式和谈话内容去帮她走出目前的工作困境。
>
> 有一天,我专门安排了时间与她进行了一次谈话。通过交流,我发现问题主要出在两个方面,一是她过去所从事的销售工作项目要比现在小不少,我们现在的项目一般都超过500万,甚至很多都超过了1 000万,项目销售的跟踪期一般要超过半年,这样她就不可能像以前一样在短期内做出好的业绩,她常常拿现在同过去比,觉得业绩不好是不是因为女孩子超过30岁能力就下降了,而同她配合的技术支持人员在我们公司做了很

久，常常在她面前摆老资格，其实年龄比她还小三岁，还经常说她不少做法不对，等等，搞得她心情非常不好，所以两人经常闹矛盾。

　　了解到这些问题后，我没有像以前一样同她讨论具体工作的细节，也没有去区分她同技术支持人员在具体事情上到底谁对谁错。我给她讲了在领导学上新学到的"活在当下"和"操之在我"这两个调整自己心态和情绪的办法，告诉她过去不等于现在，不要总拿过去与现在比较而使自己生出许多烦恼，现在做的所遇到的问题是以前小项目很难碰到的，重要的是在没有可能马上体现业绩的时候，要对自己每天的，哪怕是小小的进步感到高兴。另外，不要在小事上计较谁对谁错，不要太在意别人怎么评价你，如果觉得他人讲得有道理就采纳，如果觉得没有道理，就把他的话放到一边，千万不能由于别人的话而影响自己的情绪，更不能让自己的情绪影响到周围的人。作为项目的销售负责人，要学会建立自己的影响力，就需要领导学的理论来指导自己，要时刻想到你就是这个项目的领导，不管公司是不是真的在行政上给予你相应的职务，为了达到项目目标，要有意识地控制自己的情绪并在自己的周围创造一种让大家轻松、愉快的工作环境和气氛。销售工作不仅要善于建立同用户的良好关系，建立对用户的影响力，也要在公司内部维系良好的人际关系并产生个人影响力。不需要上级的介入就能成功获得公司内部资源（例如技术支持）的能力，是一个成功销售人员所应具备的基本能力。销售人员只有得到团队的支持才能充分发挥自己的优势，才能创造良好的业绩。在过去的市场环境下，也许靠自己单打独斗就能成功，但现在一定要建立非常强的个人影响力，并且随时保持良好心态才能成功。

> 经过这次谈话，我逐渐发现这位客户经理做事有信心了，在公司，她会有意识地去同周围的人搞好关系，同前台都能互相问候寒暄。最近她也不再像以前那样要我去安排同她配合的人，她会主动地去找需要的人交流，一次不行，再想办法，直到把事情做好，而不会自己先生气，怪别人不配合。

李力的故事说明阳光心态需要一个环境，相互支持，首先发现别人需要支持的机会，另外必要的时候再给予别人支持。

领导者以阳光心态管理，下属以阳光心态追随。领导者的阳光心态可以使她制定出高质量的政策，领导者心态不阳光就会有失偏颇。对阳光心态环境的营造最具有杀伤力的破坏是领导者不公平、不公正、不公开地对待下属，却还要下属保持阳光心态，这将无法支持阳光心态的环境。

在不尽如人意的环境中保持阳光心态

心中若无烦恼事，便是人生好时节。

> 小王是大型国企的一名员工，2005 年上半年他心情一直比较糟糕。问题的根源是自从他到这家公司，三年以来他的职位就没有得到提升。令他无法忍受的是他看到周围年龄相近的同事，一般到公司两年左右职位都有一次提升——从业务主管升到业务经理。而他，竟然在业务主管的位置上坐了三年半，眼看着同事被提拔了一拨又一拨，始终没有轮到自己，小王心情

格外不爽。第一次错过机会的时候,他告诉自己,刚过两年,还可以等待;第二次错过机会的时候,他开始抱怨,领导太不公平;第三次,被提拔为业务经理的同事开始被外派,到公司的驻外项目做部门总监,他的心情更加郁闷了,眼看着机会一个一个地溜走,使他的心情也愈发沉重,感觉自己在这家公司似乎已经没有前途了,并且开始怀疑他在公司上层领导心目中的价值,如果自己有能力,怎么会一再错失如此多的机会呢?

他在这样逐渐沦落的坏心情中生活了将近有一年。那种一天比一天糟糕、一次比一次更坏的情绪状态实在将他折磨了个够。由于情绪上的紧张,他无法排解,以至于脑子里每时每刻想的都是升迁,常常是晚上睡觉前带着忧愁入睡,早晨醒来伴着牵挂睁眼。

值得庆幸的是,不知是因为突然顿悟,还是因为长期思考和忧虑导致的质变,小王的内心状态最近有所改变,在多个方面,他甚至还在逐步肯定自己。

第一,他发现,在自己所从事的专业领域里,其实他还是取得了相当不错的成绩。这一点,在他比较平静的时候尤其表现得十分明显,他有时候竟会怀念第一次没有提拔他的领导A。当时,A实行的充分放权的管理措施,给了小王很多锻炼的机会。顺便交代一下,小王在到这家公司之前从事的是IT行业,他进入这家公司后公司开始首次涉猎房地产业,做宣传推广工作。A的风格属于非常典型的"授权—监督"型,他给部门的每一个下属都进行明确的分工,所有员工按照分工在自己的领域内做事,A一般不加干预。只是在任务进行的重要节点和结束的时候,A会监督检查。这让小王能够最大限度地施展拳脚,虽然做事的过程中犯了一些错误，A也没少批评他，但一年多时间下来，小王在房地产项目宣传推广工作上越来越得心应手，并开始在业内小有名气了。仔细盘点一下，这一年，他不仅写下了大量令人称道的文章，在宣传推广的内容和形式上也有了多项创新。这些创新，是他不断努力、不断挑战自己、不断与合作伙伴沟通的结果，这些成果不仅令领导满意，合作伙伴也将其视为业内创新的样板，到其他同行那里去推荐。对于一个入行时间不长的人来说，这已十分难能可贵了。

另外一点非常重要的是，由于做的是宣传推广工作，小王的工作成绩是落在纸面上的，容易被人看见，这让他在公司以及所在的集团内，有着比较广泛的人气，领导比较重视他，而他在日常办事的过程中，也获得了诸多便利。这一点，从事其他工作的同事十分羡慕。

每当如此想的时候，小王就会略感欣慰。他会安慰自己，只要做出了努力，取得了实实在在的成绩，公司不认可，行业会认可；一个领导不认可，下一个领导会认可。自己的职位终会伴随着水平的提高而提升。

第二，他发现，当前的状况其实也挺好，只要做好当前的事，没必要整天为力不能及的事情烦忧。小王还清楚地记得，自己刚到A手下工作的时候，凭着一股冲劲，投入了大量精力到工作中去，经常晚上加班写文章，谋划思路。如果说一般的工作是积累经验，丰富自己，那么写文章这类工作则是不断地掏空自己，越写到最后，越感到自身知识贫乏。他迫切地需要为自己充电，丰富自己的知识体系，而恰好在两年前，小王考上了在职研究生，现在正在刻苦读书。读书对小王目前所处的阶段来说，也相当重要。他的很多同事其实很羡慕他能考上一所名牌大学的MBA，也很羡慕他能抽出时间，静下心来学习。同事们这样表示的时候，他有时会想，所谓东方不亮西方亮，自己虽然暂时在升迁上遇到了一点阻碍，但在丰富自身知识、提升内在竞争力方面同其他人相比还具有一定的优势。只要读好书，将来也会有很多的晋升机会，这对长远的职业发展也会有很好的促进作用，二者能居其一，自己也算不错了。

第三，经过一段时间的观察，小王发现，自己晋升的机会还是存在的。以往，他常常只看到坏的一面，而忽视了好的一面。其实，就在坏消息不断来临的同时，好消息也接踵而至。比如有一天，公司总裁的秘书私下跟他讲，总裁有一天向他打听自己的工作情况，他做了很积极的回馈。当时，小王只是一笑而过，而后来当他想起这件事情的时候，他明白了一个道理，就是有些事情并不是自己想象的那样坏。仔细分析一下，假如自己真的水平差的话，以自己的工作性质，总裁早就应该看出来了，而他能向身边的人问起来，表示他对小王还是有一定程度的认可的。还有一次公司在外面开会，集团人力资源部的总监主动跟小王聊天，在肯定了一番小王工作的同时，主动表示他和小王的性格都属于一类，人品也都很好，集团长远的发展恰恰需要这种人才，这些情况似乎都在暗示他，耐心等待，机会总会来临的。现在的境况似乎是在考验他的耐性。"小王是一个不怕苦、不怕累，不会轻易绝望的人，当充分认识了比较全面的情况后，他开始慢慢重拾了自信心。

在以上三点的基础上，小王相信，他应该很快就有升迁的机会了。这一年多，在他看来，无论是自己的情绪，还是事业，都跌到了谷底,处于"黎明前的黑暗"之中。不过,谁知道呢?机会也许就藏在背运中,只要不自暴自弃,只要自己不给自己挖坑,说不定哪天就能见到光明!

经过近一段时间的调整,小王的心态已经很平稳了,能够坦然面对过往的挫折,他得到的结论是,即使得不到升迁,自己也无须否定自己,怀疑自己的能力和成绩。这样想的时候,他有时候也会对自己说,万一在一年之内还得不到提拔的话,换一份工作、换一个环境也未必是一件坏事。以前从来不敢往离职方面想,因为总是把离职和失败联系在一起,因而特别患得患失,极不快乐。现在想通了,反而觉得舒爽。与其在现在这个环境里得不到领导的认可,得不到升迁,还不如换个适合自己的地方,让自己过得快乐一点,说不定工作也会有起色。国有企业不适合自己,也许私营企业或者外资企业是好的归宿。

企业就是一个平台,自己来到这个平台,利用这个平台实现个人目标,当然前提是符合这个组织的价值观要求。利用这个平台,为自己做事,提升个人价值。

成功＝能力 × 机遇

当自己有能力但是怀才不遇时,可能是机遇产生的条件还没有满足。

岗位轮换时心态的作用

上下级单位之间的干部交流,或者上级部门从下属机构借调员工,是大中型国有企业人力资源管理中非常具有中国特色的一种员工轮岗制度。北京汇集了众多的国有企业集团,也因为实施干部交流,有许多干部下去挂职锻炼,也有更多的人来到北京,参与集团的战略规划、执行和管理工作。高阳也曾经是其中的一员,为了求学从省里借调到北京工作期间,也与相仿经历的人一同工作和生活。其中,有三个人的经历给他的印象比较深刻,以下分别以某甲、某乙、某丙来加以区分。

正当其时,一帆风顺

某甲是来自某地级市一家分公司的副总经理,为人达观,社交能力很强,情商很高。交流到北京总部之前,刚刚负责完成该分公司的集团管理变革计划的执行。一到北京,就适逢集团开始实施管理变革计划的第二批推广,甲参与了该项战略的执行组织工作。由于刚刚有过相似的经历,又加上甲在为人处世方面的圆润通达,很快成为该部门的明星,工作开展得有声有色。到各地进行组织推动,在总部承担经验总结工业,甚至参与业余活动,组织朋友聚会,他都很有人气。一年交流结束,收获了大把的人脉资源,回到省里,甲调任到了更好的岗位上。

用人之短,业绩勉强

某乙也是来自某地级市一家分公司的副总经理,技术出身、为人谨慎。到集团后安排在市场部门,担任集团管理变革计划咨询试点阶段的甲方项目经理。咨询项目的导入期,容易出现的问题是领导的意图往往不是很清晰,业务的需求很不明确,参与的人员想法比较发散,加上乙在市场方面的历练较少,所以工作挑战很大,沟通方面总不能摸准门道。尽管管理变革计划也按部就班地向前推进,三四个月后又安排了专职人员担当助理，但乙总找不准自己的工作定位，觉得现在的职务是临时的，这种心态经常浮上心头。又过了两个月，乙的项目经理工作被他的助理接替，自己调去别的处室工作。一年期满，几乎无满意成就，返回原岗位。

不断调整，业绩卓著

某丙也是来自某地级市一家分公司的市场部经理，为人达观，工作努力，由技术到业务，阅历丰富。到总部后，几乎半年换一次处室，都是担当副手。他把这次干部交流，视为职业的一次阅历，重在做一两件大事，经常挂在嘴边的有两句话："要找准自己的定位，千万不能越位。""历练是自己的，而业绩属于领导。"同时，他有一个很好的交往习惯，就是经常夸奖与他一起工作的人"有能力、很努力、有激情"。他还有一个很好的工作习惯，就是工作特别专注、特别投入，一个时间段一般只做一件事情，而且亲力亲为。虽然半年要换一次直接上司（正手），丙都能以良好的职业素养和工作态度，找到自己的工作定位和工作重点，调整好工作心态，以阳光心态投入新的工作。一年期满，因为工作需要，又延长了半年。在这一年半中，丙以主力身份推动了三件大的战略行动，业绩卓著，自己也很满意，而在业余时间，丙还经常组织交流人员到北京周边地区进行郊游，提升生活情趣。

相仿的工作要求和职业挑战，但导致的结果却大相径庭。甲得益于自己的高情商，又用自己所长，是正当其时，一帆风顺，过得最潇洒。丙定位准确，技能适岗，工作中又能及时调节自己的心态，虽几经调整，业绩竟能大有起色，实在难能可贵。而乙则不善沟通，在选择工作内容方面不能"操之在我"，被动地承担并不擅长的工作，虽然心态平和，但毕竟一年下来，可圈可点的太少。

对于国企的轮岗制度，要保证好的工作绩效，同时保持个人的工作满意度，从上述三人的不同经历可以看出，企业需要做好以下三方面的配套工作：其一是清晰的、恰当的轮岗目的，从下属机构到上级单位的轮岗，职位上最基本的要求是交流人员有良好的相关工作经历；其二是帮助交流人员找准工作定位，尽管多是担当副手，也要能给予更多的决策责任和操作空间，不然交流人员很难消除仅是临时工作的心态；第三是要安排一定的心理辅导计划，要让交流人员领悟到干部交流对其职业阅历的价值和意义，同时在业余生活方面有一些情趣高雅、形式多样的针对性安排，保证他们能"活在当下"，保持一份阳光心态。就像丙一样，无论对待工作，还是对待生活，都尽量做到不敷衍、不消极，临时员工保有正式员工的勤勉态度，开开心心地过好每一天。

营造小环境

经营一个属于自己的小环境，自己能够控制情调，在这里找到自己的快乐，享受生命的快乐。

> 林子的案例：我刚进公司的时候，经理是一个台湾人，他对我说："公司是一个都市丛林，你人太善，到了客户那儿受客户欺负，在公司里受同事欺负，会很难的。"我当时觉得可能因为台湾的风气跟大陆这边不一样吧。一转眼我在公司里八年了，经历了不少事，也升了不止一级。再想想当时他的话，觉得真对。大家对我的评价是一个比较善良的人，真奇怪我为什么能

生存至今。不过话说回来,在公司里待的时间长了,有一个感悟,就是调整心态的能力很重要。

1998年的时候我和另一个资深同事被调到新成立的技术支持中心,我是被调过去的,他是被请过去的,我们大部门的老板,最初就是他带入行的。我们两个都做大型机支持,同一个硬件平台,不同的操作系统。我在自己的工作上完全胜任,可是在影响力上却完全没有办法和他相比。2000年,我成了大机组的组长,这时候,组里已经有六个人了。人是那位资深同事做主招的,让我做组长是因为要提携年轻人。这里边有三个北大计算机系的研究生,一个北航研究生,一个钢院研究生。而我是本科生,这也是促使我后来考清华 MBA 的直接动力之一。

放下这个话题不谈,后来那位资深同事与直接经理有了些冲突,是在公司一年一度的员工对经理打分的时候对他提出的批评意见。从后来的情况看,我相信这一定对那位经理的发展产生了影响。可是那位经理也是一个能量比较大的人。没过多久,那位经理安排这位资深同事到广州某城市的一个客户现场支持三个月。像我们这样的部门派驻到客户现场是很少见的,一般出去解决问题也就是几天时间。我听到这消息,第一感觉就是:流放。资深同事刚在体检中查出了肿瘤,正在进一步检查,而且他已经50多岁了,家里负担也不小。我当时衡量了一下,这个打击确实不小,如果是我,会觉得很难承受。有一次,资深同事在同事面前提起这件事,说就要到外地派驻一段时间了,有一个跟那位经理关系很好的人说:"不去,不如辞职好了。"

资深同事对大家说:广州那边的各级经理力请他去,只点

> 他的名,别人不行。这边的经理本来不同意,可是公司利益重要,实在没有办法。之后他去了广州三个月,回来以后对大家说:那边的反馈很好。那位经理后来去了现场支持部门,跟我们这边关系也比较密切。资深同事继续跟他保持了很密切的关系,那位经理请他过去帮忙,可是这边的经理不放。整个这件事对资深同事没有造成什么不利的影响。
>
> 我不知道当时那位经理和资深同事之间是不是有过暗涌,只是根据我看到的东西做了一些推测,得出了一些感受。正像一句话说的:"只选对的,不选贵的。"人有时做一些事情也是:"只做对的,其他的可以少考虑一些。"

人必须保持良好的心态,人最困难的时候最需要良好的心态,这个时候叫作:变不利为有利,化被动为主动。你必须喜欢一些曾经对你不太好的人,因为他们很重要。也必须为自己多编织一些保护网,否则在风浪来的时候你会很脆弱,这需要得当的方法和顽强的意志。良好的心态不只是逆来顺受,只有把逆境很好地化解过去,心态才能良好起来。一个人化解逆境的能力越强,就越容易调整好心态。

第九个工具

情 感 独 立

不要把自己的幸福建立在别人的行为上面,我们能把握的只有自己,否则将会产生恐惧。

依赖别人产生恐惧

不要把自己的幸福建立在别人的行为上面,我们能把握的只有自己,否则将会产生恐惧。

有一首歌叫《你送我一朵玫瑰花》,第一段歌词是这样写的:"你送我一朵玫瑰花,我要好好地谢谢你,你就是把自己当成个傻子,我都喜欢你。"表达的是一个女孩,收到了一个男孩的玫瑰花,向她求爱,他们两情相悦,一颗心不再孤独,欢乐立刻被她表达出来了,不过接下来味道就变了。

第二段歌词是这样写的:"你要是敢轻视我,我要看看你的本领,我要嫁一个比你更强的人,把你的心撕碎。"第一段歌词还说,你就是一个傻子我都喜欢你,而第二段歌词就要把人整死,它揭示的道理是,如果把自己幸福的来源建立在别人的行为上面,就会产生恐惧。

有人总是为未来担心,忧心忡忡,你不要庸人自扰,如果你担心的事情不能被你左右,就随它去吧,我们只能考虑力所能及的事情,力所能及则尽力,力不能及则由它去。考清华大学经管学院的博士生中,50个人才录取一个,竞争非常残酷。有人想我要是考不上多丢脸啊,我的未来怎么办啊?我告诉他,48个人都跟你一样考不上,你能把握的就是努力考试,考完后该干什么就干什么去,当作人生一个经历就好。

一些人到了顶峰,没有努力的目标,保持不好就要掉下来,这就叫"日中则昃,月盈则食"。我们不能把所有的美好一次享用完毕,留点缺陷、遗憾,下次再努力。

张丽生长在一个典型的北方家庭里,算得上书香门第,但是家中老辈人重男轻女。但于她而言却都成了好处:她有读不完的书，而且没有长孙的重重压力，可以活得轻松自在。所谓重男轻女不过是祖辈的心思，父母却视她如珍宝，给了她非常快乐的童年。她的偶像是哪吒三太子，喜欢像男孩子一样率性而为，除了必须遵守的底线以外再无过多约束，自己的事可以自己做主。没有呵斥，只有鼓励和支持，她的童年世界除了阳光还是阳光。

越挫越勇的少年时代。"小小少年很少烦恼"，随着年龄慢慢长大，她的烦恼增加了……

北方的小学，冬天体育课就都是冰上运动了，当所有的同学都能在冰上翩翩起舞时，她却还是无法稳稳地站在冰刀上，无论怎么教都学不会，老师无奈，只好给她个椅子推着才能勉强站稳。整个操场上百个学生，她成了大家取笑的对象——一个需要六条腿才能站住的笨孩子。妈妈说："不要紧，笨鸟先飞嘛。"妈妈省出钱给张丽买了冰刀，鼓励张丽自己练习。零下三十几度的早晨，趁着大家都没到，她一个人在冰场上苦练，一个跟头接一个跟头，"嘭嘭"的摔倒声在教学楼间回荡。一个月以后，摔得浑身青紫的张丽收起冰刀，对自己说："是的，这个我确实不行，那又怎么样？"她依然高高兴兴地上学，体育课上哼着小曲悠然自得地推着椅子。当同学们发现她是游泳高手、市级武术运动员时就渐渐不再叫她不倒翁了。直到今天，每当她深陷困境，她都权当自己又在推椅子，阳光立时驱散阴霾。

大学毕业刚分到单位，张丽穿着西装站在单位门外敲门，传达室的老刘瞥了她一眼，说稍等，继续颐指气使地指导保洁人员打扫他的传达室。大约十分钟吧，张丽静静地站在初冬凛

> 冽的寒风中，心情平静，她努力告诉自己，别发火，他并不是针对自己，这就是他的处世方式。老刘觉得张丽不过是个无名小卒，至少在他退休之前情况不会有太大变化。几年后，随着张丽职位不断提升，老刘日益显得诚惶诚恐。在他曲意相迎的时候，张丽没有志得意满，也没有恶言相向，得饶人处且饶人，这是度量也是涵养。直到平平安安退了休，老刘才松了口气，之后逢人便讲：别看人家年轻……

拥有阳光心态的必要条件：宽容，把战胜困难和挫折当作生活的乐趣，能够理智地分析事情发生的本源，审时度势，乐观，善于自嘲，有志同道合的良师益友，情感独立……分享痛苦的人是朋友，分享快乐的人够朋友，能够同时分享痛苦和快乐的人是真朋友。

不要期望过高

获得心理平和的途径之一就是不要对别人期望过高。对子女要求高的母亲会失望。别总是把给别人的好处挂在嘴上，人类的天性就是容易忘记感激别人，如果我们施一点恩惠就希望别人感激的话，那一定会使我们觉得受伤害。

如果你想要快乐、被爱，就不要过分要求对方，不要希望得到任何回报，只是默默地付出。这个世界上唯一能够被爱的办法，就是不再去要求，单纯付出，并且不希望回报。如果付出的目的是回报，你的回报肯定会使你失望，而且付出的过程一定不开心。

让受恩惠的人感到轻松。帮了别人的忙要立刻忘掉，不要让自己对别人的恩惠成为别人的包袱,总是指望别人回报自己的恩惠则难以获得轻松。第一,使别人感到压力大,不敢领受你的恩惠;第二,自己背上了沉重的包袱,总在考虑他怎么还不报答我。

如果有人伤害了你,忘记它,不原谅等于给了别人持续伤害你的机会;如果你帮助了别人,忘记它;如果你给予了别人恩惠,忘记它;如果受了别人的恩惠,尽快报答他。

背着太多情感包袱的人没有力量应对今天,放下了情感包袱你会获得精神世界的成长,这如同为庄稼除草。过去的经历是用来学习的,不是用来当作包袱背的。

情感包袱影响今天的潜能,释放包袱等于除掉心灵上的杂草。

大爱无言

故事发生在中国。一位母亲怀抱着出生三天的婴儿在泥石流的前面奔跑,但她怎么能够跑得过泥石流呢?终于,她被追上了。泥石流淹没了她的膝盖,淹没了她的腰,她无力移动双脚,她知道泥石流将淹没她的整个身体,这时,她用双手高高地托起了她的婴儿。泥石流淹没到她的脖颈时终于停住了。十几个小时过去了,救援人员赶到的时候,那婴儿正在母亲高高擎起的手中甜甜地入睡,而那位母亲早已停止了呼吸。

这是母爱,比生命更长的爱。

故事发生在美国。一位母亲带着中学毕业的女儿去滑雪。

这是一位单身母亲,她是一个清洁工,她攒了很久的钱,终于实现了女儿的夙愿。她们为这次滑雪准备了雪白的羽绒服,兴高采烈地来到滑雪场。她们没有听从滑雪场工作人员租用彩色棉衣的建议,急切地奔向雪场,她们高兴极了,已经到了黄昏还在快乐地滑雪,这时,她们发现自己迷路了,走了一个晚上还没有找到离开的路。她们大声的呼喊却引起了小面积的雪崩,把自己压到了雪里。她们终于筋疲力尽地从雪堆里爬出来的时候,已经是第四天的早晨。救援飞机在她们的上空盘旋,但她们白色的衣服已经把她们与雪融为一体。这时,母亲看到自己刨雪时磨破的手指,她的眼睛奇异地亮了一下。接着,她让女儿躺在自己的膝盖上睡觉,当女儿酣然入睡的时候,她用冰片割开了自己的动脉。鲜血染红了她们身边的雪地,女儿得救了,救援飞机看到了那片鲜红。

这是母爱,比血更浓的爱。没有期望回报,只是付出,却得到了无限的回报——人们对母爱的崇敬。

故事发生在印度。一位母亲用小车推着病弱的孩子,她们在沙漠中已经行走了好些天了。孩子在车里低低地呻吟,他说:"妈妈,我渴。"母亲用绝望的眼神在沙漠中搜寻。这时,她看到不远处断墙边有一碗水,接着看到一只凶狠的狼狗在守护着它。她微微弯下腰,用干裂的唇轻轻地吻着孩子的小脸,温柔地说:"宝贝儿,等着,妈妈给你拿水来。"她把披肩摘下,遮住孩子眼前的阳光,坚定地向那水走去。她与狼狗展开了搏斗,如同母狼一样凶狠。当她终于得到那碗水的时候,已是衣不遮体，遍体鳞伤。她端着那碗水走到孩子旁边，扶起孩子，温柔地说："宝贝儿，水来了。"

这是母爱，比力量更强的爱。

赵娜讲了她的故事：中国的一位母亲在身怀六甲的时候，仍然为住院的婆婆操劳。那是一个北方冰天雪地的早晨，她早早起床，为住院的婆婆熬汤。她用暖瓶盛着汤走在覆着一层薄雪的冰路上，突然，脚下一滑摔倒了。就在即将摔倒的一刹那，她首先想到了体内的胎儿，接着想到了送给婆婆的早餐，于是，她用一只胳膊承载了身体的全部重量。那一只胳膊在手腕处折断了，医生要打麻醉药给她接骨，遭到了她的坚决反对，因为麻醉药有可能会刺激胎儿的大脑。几个骨科大夫分别站在她的两侧，用最原始的方法给她接骨，那场面连最强壮的男人都忍不住落泪。她是我的母亲，我就是那个胎儿。

母爱无边，因为它超越了所有极限；大爱无言，因为它胜过一切语言。

有分担压力的朋友

分享压力，压力减轻；分享快乐，快乐加倍。

一位清华校友讲述了他的故事：2007年是我个人生命中很特殊的一年，这一年突发的一件事让我从某些方面更深入地了解了生命的价值。在2007年4月26日清华大学校庆的那一天，原本是我从清华大学毕业十周年的日子，我也订好了去北京参加同学聚会的机票，却临时赶到重庆，第三军医大学附属医院。在那里，我同全家一起，为父亲的重病做又一次手术的准备。过了不久，五天之后，我度过了人生中最难过的一个清晨，很漫长，又很短暂，记忆很清晰，又仿佛很模糊。在那个清晨，我失去了父亲。

　　我悲痛得无以复加。父亲出身不好，很年轻时就主动支边新疆，给家里减轻政治压力。在新疆，经过自己的努力奋斗，拥有了一个美满的家庭。三个小孩都很用功，都以优异的成绩进入重点大学攻读，毕业后工作情况都很好，有的在大国企担任重要岗位，有的在外资企业独当一面，家庭、事业发展都很顺利，父亲也得以彻底放松，准备安享晚年。

　　在父亲去世以前，我一直觉得生命对我而言非常美好，我有一份令人羡慕的工作，优越的工作环境、很配合的下级、优厚的薪水。我还有一个美满的家庭，睿智、独立的太太，我们感情很好，她的工作也很好，我们还有个惹人疼爱的乖儿子。可以这样说，我家一直沐浴在阳光中，我们在海边美丽的社区里有一套大房子，背山面海。我觉得，我以前的努力，直到那一天以前都有很好的收获……然而，在山城重庆五一的那个清晨，我的整个世界都粉碎了，觉得再也没有什么值得我活下去。我开始忽视自己的工作、忽视家庭、忽视朋友，我想抛开一切，我对很多事，很多以前很感兴趣的事开始觉得索然无味，我变得有点冷漠，变得有点怨恨。为什么最疼爱我的父亲会离我而去？为什么他努力一辈子，眼看要彻底放松，安享晚年时，却黯然离去？我没办法接受这个事实，我连续一周处于神情恍惚状态，决定停下身边的一切事情，离开深圳，把自己藏在眼泪和悔恨中。

就在我清理父亲在重庆的故居，准备离开一段时间的时候，突然接到几个老同学的电话，他们在同学会上看到我没去，很快就了解到我的困境，他们纷纷来电安慰我，可是我却什么也没听进去，执意要放弃。当年睡在我上铺的兄弟（他的哥哥在我们上大二时患上了血癌，走得很痛苦，辗转上海、北京各大医院，我作为他最好的朋友，陪他度过了半年多极为艰难的日子，我们一道厚着脸皮给认识的、不认识的知名大夫送礼，在最冷的冬天，骑着破自行车穿行在北京各大医院，捧着热乎乎的鸡汤往病房送，但最终，也没能挽回……），他只说了这样一段话："当然我们会在你身边，你的痛苦我很清楚，不过我知道你会撑过去的，以你对人生的看法，就能让你撑过去。我永远不会忘记当年你对我说的发自肺腑的感言：不论遇到什么困难，记得微笑，记得要承认人生的不如意，像个男子汉。"

我很惭愧，他好像对我说："你为何不照你教我的办法去做呢？"撑下去，不论发生什么事，把悲伤藏在微笑底下，乐于接受已发生的情况，是克服随之而来的任何不幸的第一步。

我还有年迈的母亲，深爱我的太太、孩子，那么好的知己，我不能让他们失望。于是，我重新回来开始工作，我不再对人冷漠无礼。我一再对自己说："事情到了这一步，我没能力去改变它，但我可以决定我今后的生活。"我把所有的思想、精力都用在家庭、工作上。我成立了自己的新公司，我陪家人出海捕鱼，我为母亲报名参加夕阳红旅行团。我几乎不敢相信发生在我身上的种种变化，我不再为已经过去的那些事悲伤，我现在活在当下，活在快乐中，我开始对人生的价值更感兴趣了。

显然，环境本身并不能使我们快乐或不快乐，我们对周围环境的反应才能决定我们的感觉。阳光心态，是伴随我们人生的最重要的处世态度。

当情绪处于不良状态时，以下塑造积极情绪的工具，可以帮助你化解自己的烦恼。

缔造积极情绪的工具

阳光心态的作用——延长积极情绪的时间，缩短消极情绪的时间。消除不良情绪的办法：

- 自我控制
- 自我转化
- 自我发泄
- 自我安慰
- 暂时避开
- 幽默疗法
- 广交朋友
- 热爱工作
- 与书为友
- 有氧舞蹈
- 善待自己
- 享受美食和音乐
- 助人为乐
- 借助外力

每一本书都在我们面前打开一扇窗户，让我们看到一个色彩绚丽、令人陶醉的世界。爱因斯坦说："世间最美好的东西，莫过于有几个心地正直的朋友。"

沮丧的人要特别努力将注意力转移到真正乐观的事情上。小心不要从事使心情更低落的活动，例如看悲剧电影或小说，要从事可以振奋情绪的活动，如参加比赛、看喜剧、看好书。有些活动本身就让人沮丧，如长时间看电视会陷入情绪低潮中。

长寿学者胡夫·兰德说:"一切对人不利的影响中,最能使人短命灭亡的就是不好的情绪和恶劣的心境,如忧郁、沮丧、惧怕、贪求和懦弱。"

开朗的性格和乐观的情绪是心理健康的基本条件,没有任何事情比糟糕的心境更能够破坏人的健康。

积极的心理暗示

在困难到来之前,人往往容易意志消沉,表现出来的心态就是恐惧和不安,从而影响个人的心情,个人处理困难事情的能力就会大打折扣。我一般在这些情况下常常会用以下几种方式提醒和暗示自己:

"什么事情都会过去的,不管有多难。"(经历困难之前)

"克服了这个困难,我就获得了一点进步。"(在处理自己没有处理过的事情的时候)

"老板让我做这件事情,一定是他认为我最合适,我只要尽力就可以,干砸了我也不会有什么损失。如果我干砸了,别人也会干砸。"(积极的打工者心态)

转移注意力,回忆或者假想自己成功的感觉。在一番心理暗示之后,往往会有如释重负之感,心态自然也就比较坦然。

今天的人是被瓜分的人

今天是交往过度的时代。在这个交往过度的时代,人是被瓜分了的人,任何人都不会满意地拥有自己的时间。由于竞争导致生存压力,所以工作时间主要是被组织瓜分。业余时间的瓜分者包括孩子、配偶、父母、朋友。瓜分的结果是感到自己永远欠别人的时间。但你最终会彻底得到你的时间,当你老了退休了,这时候你才回家,然后才有少年的夫妻老来的伴,虽然已是夕阳红。

不知道这样变化趋势的人就会愤怒,就会拆房子分地,离婚。然后还要组建新家庭,以为新的会比旧的更好,其实三个月到两年有新鲜感,然后就又重复了昨天的故事。

几个分拆后也许就从富人变成了穷人。

一个警察出身的老板,在教室里面向我提问题:"阳光心态太难了,我家一点阳光都没有,我太太总检查我的手机,没事打电话问候,说是关心,其实是在检查。我被 24 小时监控。"

一个司机告诉我:"我家一点阳光都没有,我是个司机,家里照顾不了,孩子也照顾不了,老婆都要跟我离婚了。"

非洲格言说:"如果你想走得快,就一个人走。如果你想走得远,就一起走。"

给这样的家庭成员的建议就是情感独立,有人陪伴高兴,没有人陪伴也高兴。因为今天的人是被瓜分了的人,把自己的快乐建立在别人身上就会产生痛苦和恐惧。

中国的大智慧《易经》中说:天行健,君子以自强不息——日月经天运行不止,君子要学习它,做到自强不息。地势坤,君子以厚德载物——地势深厚重实,君子要学习它,应有宽厚的品德胸怀承载和包容万物。

我这样理解自强不息:如果你不自强,你就熄火了。但竞争不同情弱者,市场不同情眼泪。

第十个工具

致人而不致于人

孙子说:"善战者,致人而不致于人。"要能够调动敌人而不被敌人调动,能够左右敌人而不被敌人左右,能够蒙蔽敌人而不被敌人蒙蔽。

CHAPTER 10

操之在我

孙子说:"善战者,致人而不致于人。"要能够调动敌人而不被敌人调动,能够左右敌人而不被敌人左右,能够蒙蔽敌人而不被敌人蒙蔽,同"操之在我"是类似的概念。操之在我可以理解为:自己情绪的控制完全在于自己,完全把握自己的情绪,积极主动,使自己的情绪不被别人所左右。政治家的操之在我是:"棍子和石头也许能够打断我的骨头,但是言语永远也不能伤害我。"

一个能够操之在我的人,主动、适应力极强、可以力所能及地做些改变。这种人是积极主动的人,他们能以主人翁姿态存在,选择就全力以赴。把参与的活动当作实现自我价值的平台,不是在为别人做事,而是在为自己做事。把自己作为局中人,而不是旁观者。自己是令事情发生和发展变化的人,自己是事情的主人,不在于自己的地位多高,"天下兴亡,匹夫有责"。

由于今天的人接受教育的时间太长,而且接受教育的主要特点就是抽象性和分析性,而把自己放在了旁观者的地位上,养成了热衷于提出批评,很少去想"我能够做点什么"的习惯。不要仅仅把自己当成分析家,要把自己当成艺术家。艺术家把自己放在了局中人的位置,感受并融入现实环境,并且使艺术来源于现实又高于现实。操之在我的人观察分析现实并且会使现实向更好的方向发展。

> 改变不了环境就适应环境,
> 改变不了别人就改变自己,
> 改变不了事情就改变对事情的看法,
> 改变不了语言就改变对语言的解释。

有一个人在独断专行的老板手下工作，老板凡事不征求员工意见，只会下命令让员工照着干，结果大家在底下抱怨："让他干吧，他的企业死了，我就跳槽。"只有这个人例外，做事情加上自己的判断，把数据交给老板的同时加上自己的一点分析，老板慢慢就认同了他。有一天老板下完指令以后，眼光直接指向他："你说这么干行还是不行？"全体眼光一下子全看他这边，这个人站起来说话了。他知道如果一个人刚愎自用有两大原因：不是过度自信就是过度自卑。为了安全起见，这位员工选择肯定他，自信和自卑的人表扬没有问题，自卑的人如果打击他就会不高兴。然后他站起来说，老板，这么干有三大好处。结果从此以后没有他的发言决策不执行，再往后他被提拔为老板身边的助理。

不能操之在我，你将受制于人，受制于人的人会被自然环境左右，会被天气左右，天气好心情好，天气不好心情差。受制于人会被别人左右，别人的语言会伤害他，别人的行为也会伤害他。操之在我的人是理智重于感情的人，不会让别人的行为伤害自己。诸葛亮操之在我，周瑜受制于人。受控于人，别人一句话就可以让他发火，几乎就是一个爆竹，一点就炸，完全就是别人左右的一个工具。

有一个经理心血来潮，做了一通演讲，说明天8点上班，谁也不许迟到，我带头。第二天早晨，他一睁眼睛，已过8点了，他心情沮丧得很，开车拼命往公司跑，连闯红灯，驾照被吊销了。他恨恨地坐在办公室里，营销总监进来了，他问昨天的货发没发出去，总监说还没有，马上发。老板找到机会骂人了，一拍桌子："你怎么这么差呢！"把营销总监骂个狗血喷头。

> 营销总监唯唯诺诺地回到自己的办公室坐着正生气，秘书过来了，他问秘书昨天文件打没打，秘书说还没有，马上打，他也一拍桌子把秘书骂了一个狗血喷头。秘书没有人可骂了，怄气一天回家骂孩子去了："你怎么这么差呢！"孩子怄气回到自己房间，发现猫怎么这么差呢！一脚把猫踢飞了。

这叫踢猫连锁反应，老总闯了一下红灯，员工家里的猫就被踢了一脚。

请判断这个愤怒链条是如何形成的？谁有责任？谁怎么想才不至于使这个链条形成。这个案例具有普遍意义，你我都做过这类事情，公司的不顺心带回家里，家里谁好欺负就让他承担。

我的建议：回到家门，抖擞精神，把烦恼留在门外，把愉快带进家门。

怎么分析这个问题？首先经理有不可推卸的责任，经理应该学会换位思考，要学会不要让问题牵着自己走，按时上班别自己带头，按时上班你带头没有太大的价值，让副手带头，你有大事儿，需要抓大放小，这头你带不了。一把手要学会换位思考、适度发泄、控制情绪、不迁怒于人、学会自嘲，一个敢于自嘲的人是自信的人。

二把手和秘书也有责任，应懂得换位思考，体谅上级，学会忍耐，当一回出气筒。犯了错误就应该有人批评，犯错误被批评等于解脱，犯错误没有人批评，就会压在自己的心上。天主教忏悔就是这样，自己有错误，一直压着，实在受不了了就到教堂里面忏悔一下，忏悔的时候看不见对面的神父，只能听声音，说完以后就解放了，这叫留下面子释放压力。为什么那些罪犯要自首呢？心理压力太大，受不了了，一进监狱解脱了，把压力转给别人了。

有一位母亲告诉我她教育自己小孩的经验。小孩犯错误以后就等你批评他,你一骂他,他就高兴了,你要不骂他,他自己不舒服。这个母亲以前就骂他,骂他,他就高兴,立刻觉得不是自己的责任,母亲也有责任,把责任留给母亲。后来母亲发现这孩子怎么一骂就高兴,我明天不骂他。结果下次小孩犯错误,母亲不骂他了,小孩一直想,妈妈怎么不骂我,然后小孩自己哭着说,妈妈我错了,再也不犯错误了。所以别人批评你也是一种解脱。

操之在我,赢得机会

利用机会锻炼自己,不必惊慌失措,像老板那样思考。

2002年,R君加入了一家在我国香港上市的高科技企业S公司。

S公司1995年5月在美国硅谷成立,2000年4月在香港联合交易所创业板成功上市,为首家在香港创业板上市的硅谷公司。该企业主要从事光学影像器件及相关产品的设计、研究、开发、制造及销售,是国内光电影像技术的领航者,为数码影像行业提供全面的解决方案。

R君之所以加入该企业,是因为他通过该公司介绍和其他一些渠道了解到,该企业正在筹划上马一个砷化镓芯片生产线的项目。由于砷化镓器件在通信、国防等领域具有重要的作用,而且该产品的加工在国内还是空白,前景非常广阔,因此,R君加入了这个发展前景一片光明的高科技企业。

刚刚加入该企业时,R君意气风发,工作勤奋,在所属的产品部门中表现得非常突出，为砷化镓项目的实施进行了大量的准备工作。由于砷化镓器件的应用和制造对于国内来说还是一个崭新的课题，项目筹备工作千头万绪，同时有很多新的知识需要不断学习和准备，所以 R 君在处理大量项目筹备工作的同时，每天都挤出很多休息时间对相关技术进行学习，为项目的正式启动进行铺垫。

正当 R 君将全部身心都投入到该项目中的时候，突然从集团董事会传来了该项目的坏消息。原来，由于某种原因，该企业一直无法从西方发达国家采购到一些敏感而关键的制造设备，从而导致投资者失去了耐性，撤走了资金。

得到这个消息，R 君觉得简直是晴空霹雳，几个月所投入的心血全部都付诸东流，R 君感觉非常愤懑和彷徨。当初加入该企业，就是因为有这个崭新而具有广阔前景的项目，现在居然由于一些自身无法左右的外在原因而导致其流产，未来的路将如何走下去？

也就是在这个时候，陆续有一些猎头公司与 R 君联系，在同一个项目中工作的几个新老同事在这种情况下也选择离开，人人都在为自己的出路另做打算，而且知道了情况的家人也劝他早做打算，毕竟在一个项目制的公司里，项目的消失也就意味着工作团队的裁减甚至解散。

在这种情况下，R 君也开始打算寻找新的工作机会，但与其他急于寻找工作的同事不同的是，他并没有消沉下去，而是将前一段时间的工作记录以及项目进展情况认真仔细地进行报告和反省，形成了一系列书面报告和资料，作为对一段时间工作的总结和积累，并将其提交给有关领导。按照他的想法，尽管这个项目没有成功，自己也准备离开，但作为公司本身，应该从这个项目中获得经验,这些经验和教训作为公司知识沉淀的一部分,应该能够帮助公司以后更好地发展下去。只要还在目前的公司里供职,就应该以职业的精神来进行自己的工作。

正当R君完成并提交了有关工作总结,准备正式向公司提出辞呈的时候,却意外地接到通知,要求他参加一个原本只应由董事和高管才能参加的在某度假村召开的闭门会议。在这个专门为公司未来发展进行研讨的会议上,R君作为一个级别最低的特邀人员,被要求谈谈自己对于砷化镓项目的看法,于是R君便结合自己递交的工作报告和项目分析资料,详细阐述了自己对于项目整体的看法和得失分析。他的论述得到了有关领导的肯定和赞许,特别是对于其能够在项目夭折、团队动荡的情况下以非常敬业的态度对项目进行总结,为公司积累经验的做法给予了高度的评价。

会议结束后没过多久,R君就接到了公司的任命通知,负责组建一个崭新业务领域的事业部,从此他跨入到一个新的职业高度,为日后的进一步发展奠定了基础。

操之在我,不被环境所左右,能够调整自己的情绪,从容处理突发事件,处变不惊,临危不乱,具有帅才的气度,这种素质预示着这个人拥有领导者的未来,他将会承担更大的责任。

反应过度反而失去自我

年轻漂亮的H小姐在国外学习过,能够讲一口流利的英语，同时也有相当丰富的商务经验。由于其不但能力较强，而且也是公司某董事的亲友，所以在加入公司后，她被安排到了总裁办公室担任总裁秘书工作。

在工作之初，她的工作表现不错，和同事相处也很融洽，但半年后发生了一件事，改变了这一切。

在 H 小姐进入公司半年后，正逢 10 月底展会的高峰时，公司上下都忙于准备在上海和北京分别开展的展览。作为总裁秘书，H 小姐帮助总裁处理和准备各种有关展览和研讨会的资料，忙得焦头烂额。百密一疏，在材料准备的时候她搞错了文件的版本，将一份错误的文件装订到了领导所需的材料中去。幸好在最后关头被领导发现了，紧急安排同事进行了更正。为这件事，被诸事缠绕得有些心烦意乱的领导比较严厉地批评了 H 小姐。

本来在日常工作中由于某种失误受到领导批评是很正常的事情，作为下属也应该具有自我激励的能力，但 H 小姐后面的反应却有些过度了。

被领导批评后，H 小姐的情绪一落千丈，对领导的批评一直耿耿于怀。她觉得自己那段时间的工作一直都很忙，非常辛苦，同时以前也没有犯过什么错误，领导不应该严厉地指责自己。她觉得自己受到了不公正的待遇，进而开始怀疑领导是否相信自己的能力。在内心愤懑的折磨下，她的工作态度和积极性都大大下降了，一些以前不会发生的错误也不断出现，即使领导没有立即责怪她，她自己也觉得受到了领导的忽视。于是 H 小姐陷入了犯错的怪圈，心情越来越苦闷。由于心情不好，她就经常向身边的同事发出各种怨言，牢骚不断，由于其身份的特殊，不可避免地影响到了其他同事的工作情绪。

> 年底考评，H小姐的评分并不好，人力资源部门的同事找她谈心，她没有正面接受有关意见，而是觉得这是领导在赶她离开，情绪越发恶劣。不久，H小姐就黯然离开了公司。在她离开后，领导很偶然地谈起她，还在叹息说她的自我调节能力太差了，大家都没有让她离开的意思，只是希望她能够吸取教训，努力工作，但没有想到最终却是这样收场。

H小姐的问题是逆境商不足，对批评反应过度。成人应该是弹簧，有压力就要反弹。解决的方法可以有以下几种：①换位思考，换成是你也会发火的。②体谅，上级也很不容易，你的错误会使上级犯更大的错误。③积极忍耐，既然犯了错误，受批评是应该的。④跳开，当别人向你的脸上投掷石头的时候，你显然要把脸躲开，不应正面迎上去。

我们需要用足够的勇气去面对可以克服的挑战，用足够的气量去接受不可以克服的挑战。生活中的变化是很正常的，对于每一次变化，我们总会遇到一些陌生的或者是预料不到的事情，面对这些挑战，我们不要轻易消极地去认为它不可能发生，不要躲起来，以至于使自己变得更懦弱。相反，我们要敢于去面对这些挑战，要认为自己能行，并努力去尝试，不断培养自己的自信心，直至取得最后的胜利。但是由于人的认知能力以及自身条件的限制，有一些压力是我们难以承受的，有一些挑战也是我们永远无法克服的，或者说，至少在有限的时间范围内是无法完成的，这时，我们不妨像松树一样，面对压力，尽力地去承受，实在承受不了，可以欣然地弯曲一下，退让一步。这种"该低头时就低头"的弯曲是为了不使我们倒下和毁灭，是为了不会丧失以后继续发展的机会，而对那些实在无法克服的挑战，我们也应该坦然去接受，毕竟人不是万能的。

在这个过程中，我们无时无刻不在接受着考验，需要不断地权衡得失，为明日的生存与发展进行筹划。在社会急剧发展和变化的现实中，人们的眼光紧盯着前方，"发展"和"未来"成了我们使用频度最高的词汇。在这个过程中，大家变得浮躁，往往忽视了眼前的人和事。但是，再伟大的登山运动员，如果眼里只有世界第一高峰而不看脚下，也会因为平坦大道上的一块碎砖而跌伤。相反，如果能够在胸怀抱负的同时，切实对待好眼前的每一件小事，注重过程中的每一个细节，就有可能在逆境中获得意想不到的转机和收获。

未来充满了不可知的因素和不确定的结果，也正是因为这个原因，人们对未来充满了希望。在这个过程中，切切不可忘记的是，不可知的未来构建于可知的现在，现在的"因"将会导致未来的"果"。因此，活在现在，认真对待眼前的每个人、每件事，必定会为我们的未来带来更多正面的影响。

在闻名世界的威斯敏斯特大教堂地下室的墓碑林中，有一块名扬四海的无名氏墓碑。上面刻着这样一段话：

> 当我年轻的时候，我的想象力从没有受到过限制，我梦想改变这个世界。
>
> 当我成熟以后，我发现我不能改变这个世界，我将目光缩短了些，决定改变这个国家。
>
> 当我进入暮年的时候，我发现我不能改变我的国家，我的最后愿望仅仅是改变一下我的家庭。但是这也是不可能的。
>
> 当我躺在床上，行将就木的时候，我突然意识到：如果一开始我仅仅去改变我自己，然后作为一个榜样，我可能改变我的家庭，在家人的帮助和鼓励下，我可能为我的国家做一些事情。
>
> 然后谁知道呢？我甚至可能改变这个世界。

据说,许多世界政要和名人看到这块碑时都惊叹不已,有人说这是一篇人生的教义,有人说这是灵魂的一种自省。当年的曼德拉看到这篇碑文时,顿然有醍醐灌顶之感,声称自己从中找到了改变整个南非甚至整个世界的金钥匙。回到南非以后,这个志向远大、原本赞同"以暴制暴"填平种族歧视鸿沟的黑人青年,一下子改变了自己的思想和处世风格,他从改变自己、改变自己的家庭和亲朋好友着手,经历了几十年,终于改变了他的国家。

要想改变世界,必须从改变自己开始。要想撬动整个世界,你必须把支点选在自己的心灵上。

第十一个工具

提升情商

幸福的感觉同物质拥有程度没有直接的关系,关键在于心态。

情商的构成

因别人的行为不开心,甚至引起自己的愤怒,可能是不知道对方的内心想法。如果知道了对方当时行为的动机,自己也许会多些理解,少些抱怨。

想知道对方在想什么,就要站在对方的角度去思考。如何才能够站在对方的角度上?要搞清楚对方的年龄、性别、背景、生理状态、社会地位、教育信息、行业、阅历、目的等才能够把对方想明白,才能够真正实现移情换位。学会了移情换位,就会增进理解、减少摩擦、增加宽容、减少怨恨。你经常会有这样的想法:"如果我处于他的位置,我也会这样做。""她这样说话一定有她的理由。"这样想自己就会获得好心情。

如果你同别人进行互动的时候知道别人的情绪,知道自己的情绪,尊重别人的情绪,管理自己的情绪,你与人沟通一定是很顺畅的,这四个情绪就是情商最核心的内容。知道别人的情绪,对方处于什么样的情绪状态之下,是提心吊胆还是心平气和,如果提心吊胆就别火上浇油,他正在恐惧之中你就别再刺激他。知道自己的情绪,心情好办难的事情,心情不好办简单的事情,心情不好就学会管理一下,调整一下。

1995年10月,美国《纽约时报》专栏作家丹尼尔·戈尔曼出版了《情感智商》一书,把情感智商进行了全面介绍,此书迅速成为世界畅销书。我把情商用一棵树来描述:树根由四种情绪和五种能力构成。四种情绪是:知道别人的情绪,管理别人的情绪,知道自己的情绪,管理自己的情绪。五种能力是:知道自己,管理自己,知道别人,管理别人,激励自己。如图8所示,树干就是情商,四种情绪五种能力支撑起情商,树冠是情商的内容。具体内容如表2所示。

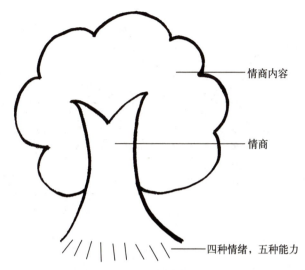

图 8　情商树

表 2　情商知识汇总

情商分类	具体内容
自我意识	**知道自己的情感**：觉察与理解自己的情感，并认识到它们对自己的绩效、人际关系等的影响
	正确地自我评价：客观准确地评价自己的优势和不足
	自信：对自身能力有极强的正面认识，相信自己
自我管理	**自我控制**：能够控制破坏情感与冲动
	可信赖性：一贯表现出正直与诚实
	敬业：恪尽职守，尽职尽责
	适应能力：适应环境的变化，能克服困难
	成就导向：具有追求卓越的内在动力
	主动性：时刻准备抓住机遇
社会意识	**同理心**：能觉察他人的情感，理解他人的观点并关心他人的利益
	组织意识：能洞察组织状态，建立决策网络并驾驭内部权力斗争
	服务意识：了解与满足客户需求

(续)

情商分类	具体内容
社交技能	远见：能用愿景目标激励他人
	影响力：熟练使用说服技巧
	培养他人：不断给他人提供反馈与指导，支持他们进步
	沟通：聆听他人，传递明确、可信、恰当的信息
	变革催化剂：擅长实施新思想，领导他人朝着新方向迈进
	冲突管理：能够减少争执及协调不同的方案
	建立纽带：娴熟地建立与维护关系网络
	团队协作：能够促进合作并建立团队

资料来源：丹尼尔·戈尔曼.卓有成效的领导艺术 [J].哈佛商业评论，2002（9）.

发火与接火

一名人力资源总监说："我最讨厌和人打交道。"谁的错？首先是老板错了，选错人了。第二是他自己错了，选择了一个不喜欢的工作做。一个人选择工作要满足几个标准。

一个人选择职业有三个标准：兴趣、能力、回报。第一是兴趣，找到你感兴趣的职业。第二是能力，是指是否适应这个岗位，是不是生来就是干这个的。回报有有形的、无形的，有物质的、精神的，看你选择什么。北京一次职场调查，发现职场上62.2%的人不快乐。工作了但是不快乐，没意思但是还得干。没意思还得干说明了什么？用自己的能力找到了一个回报还算满意的地方，但就是没有兴趣，没意思。这是给自己创造痛苦，你不愿意还得干，想找自己愿意干的事又没本事，找不到，还得干现在的工作，但又不快乐，所以人就这样烦恼着，因此心情不好，阳光心态就显得重要了。因为工作不快乐，如果一辈子就这样工作并且烦恼着，你这一辈子就这样痛苦下去了,所以通过塑造阳光心态能够培养兴趣,让自己高兴。人力资源总监要能够把解决别人的烦恼当作自己的快乐,你有这样的权利,是别人求助的人,是可以帮助别人解脱痛苦的人,善于同人打交道是情商高的表现。

银行里客户比较多,一个客户在外面等一个半小时才等到处理业务,结果他烦恼,把火发到柜员身上,说你们怎么这么慢,这么笨,这么磨蹭。柜员又因此愤怒,恨不得辞职不干,跟对方大打出手,然后脱掉工装辞职。

这是情商问题。我想给银行的工作人员这样的忠告,第一,把自己变成海绵,别人拳头打到海绵上就不会再发力了。第二,把自己变成别人愤怒的化解剂,能够化解别人的愤怒是一种荣幸。第三,想象自己后面有强大的支撑系统,有银行品牌支撑你,全体员工都会支撑你。第四,想明白这是对位置发火,无论是谁坐在这里都会发火,无论行长还是你,这样可以化解愤怒。第五,把自己想象为大夫,大夫给患者治病,不能没有治好患者的病,结果自己病了。

有人这样告诉我:"这个人发火,发完火就后悔,刀子嘴豆腐心。"如果发完火就后悔,情商可以帮助你了。我把发完火就后悔的人定义成思维比行为慢半拍,速度跟不上情景的变化,跟不上就发火,然后一会儿才想明白怎么为这么点事就发火呢?老板变一点,企业就变一回,老板变企业变,这就是知识的力量。情商对稳定情绪有作用,老板如果不稳定,不要搞什么企业文化,也别搞什么制度,老板不稳定,制度文化都是虚的,所以老板要稳定才能建设优秀的企业文化和制度。

亡羊补牢

不能为了面子把里子也丢掉了，人们都有躲避痛苦的动机。

一位项目经理讲述了他的故事：1998~2002年期间，我作为一名工程技术人员在广东深圳参加了中法大型合作项目——岭澳核电站的建设工程，这件事就发生在大约2001年年初。

那时我已经是所在工程项目的项目总经理了，我所承担的项目是核电站核心工程——核岛安装工程的通风空调、保温防腐项目工程。我当时的公司是一家从事过我国绝大多数核工业和国防工业项目的大型国有工程安装公司。

我自1998年开始从事项目工作以来，经历了投标、准备、建设等各个环节的工作，对于该电站的项目管理和分工协作模式非常清楚，核电工程是个复杂、庞大的系统工程，仅我们的安装工程就分为核级设备、非核级设备、管道、电气、通风空调等多个项目进行。项目之间的协调配合非常重要，采用法国管理模式的这个项目也充分认识到协调配合的重要性，所以，在现场有个很有权威的项目工程管理部，专门负责项目间的协调配合工作。

在这种管理模式下，我作为项目总经理，很多时间是与技术、物资、工程等外部部门打交道，通过各种沟通方式，使自己的项目能够顺利进行。

和这些部门打交道有时非常困难，一是核电工程有它的特殊性，对于安全、质量有着十分严格的要求，为了避免承担责任，这些部门的人员大多是严格按照要求和法国标准执行程序化管理，对于国内传统的粗放型施工和管理队伍，必然会有很多问题。二是公司对于我们每个分项目部都有成本考核和利润指标，我们在听从公司指令的同时，必须考虑成本和工人情绪，灵活决定如何执行，而他们并不承担成本和各项目部之间的利益冲突，主要是从工程或者他们自己利益的角度出发，下达指令，所以不可避免地会和我们项目部存在很多冲突和利益之争。

当时工程部有一位和我年龄相仿的高级协调员，负责各个项目部之间施工顺序、场地划分的协调管理。这是一个十分干练、聪明的人，有着丰富的协调和管理经验。在我做经理之前，我们有着很好的个人和工作关系，在我成为项目经理后，工作上我们则完全成了不同团体利益的直接代表，冲突也就在我们两个之间产生了……

那时，我所领导的项目部和管道、电气、机械项目部比，无论从工程量还是给公司贡献的利润上都要小些，加之我们原来的领导比较好说话，工程部逐渐在工程顺序安排、场地协调，物资供应方面产生了一些明显的不公平。但在我的前任经理执行期间，由于个人原因（他对职务比较看重），他不会为部门利益和公平待遇去强烈反对这种做法，使得我们部门在施工中经常受到不公平待遇，处于吃亏的一方。他虽然给上面造成了积极配合工作的好印象，但在现场施工的工人则经常受别的项目部的窝囊气，干了很多拆了装、装了拆的重复工作，既影响工程进度又使得员工的绩效常比其他项目部低，所以，在项目部内部产生了很大的抵触情绪。

当我上任以后，工程部以为仍然可以像以前一样，在损害我们小项目部利益和不认真考虑工程实际工序的基础上，满足大项目部强权无礼的要求，以使他们的工作更容易进行些。第一次类似事件是他们的部门经理亲自找我谈，请求我们给管道项目部提供不合理的支持和协助。我在详细陈述了我们拒绝的理由后，工程部经理表示理解，并承诺以后改善这种情况。在其再次要求下，我考虑到上任之初，许多工作也需要他们的支持和配合，就答应了他的要求，在损害自己部门利益的情况下，为管道项目部提供了一次支持。问题是该经理并没有认真听取我们的意见，以后仍想用相同的方法解决这类问题，不过，第二次他安排了前面提到的那位高级协调员来进行协调，自然问题也就出现了。

他要求我们在一周内将已经完成的NX厂房内的工程全部拆除，以方便机械设备的引入和管道的安装。但我清楚地知道，在这个区域，我们的工程与那两个部分没有任何冲突，只是距离很近，谁先做，谁就方便些，效率高些，绝不存在我们完成后他们无法进行的情况，但那两个部门长久养成的不良习惯和协调人员的偏袒，使他们还是这样要求了。虽然我听到这个要求非常生气，但碍于我和他以往关系不错，自己也是新上任，还是心平气和地通过图纸说明了真实情况，明确地拒绝了他的要求。这位协调员感到很吃惊，没想到我会这么干脆地拒绝他，从我们以往的关系和他以前协调的经历，都没有想到这个结果，所以他立刻就有点儿耐不住性子，声调也提高了："你们应该从大局出发……"我明确告诉他，这个理由我无法接受，几番回合之后，协调变成了一个高分贝的争吵，最后他说："以前都可以，怎么你一上来就不行了呢，你以为你是谁，必须服从协调，否则……"年轻气盛的我一听，也压不住火气了，站起来跟他讲："我可以明白地告诉你，我今天不会按你的要求去做，以前我管不了,但从现在起,我只要在这位置上一天,你这种方式就行不通,你可以告诉你的经理,我不执行,有本事你让他们把我撤职。"伴随着员工扬眉吐气的掌声,这位协调员摔门而去……

气是出了,员工也高兴了,我则从一时之快跌落到苦恼之中了。毕竟我们以后还要和他们部门协调工作,和兄弟项目也要合作,每天和他也是抬头不见低头见,好像我一升官就不认人了似的,事情本不应该闹成这样的。虽然随后的几天,那两个部门悄悄地完成了他们自己设备和管道的工程,证明了我的说法,但工程部,特别是我的那个朋友则处于非常尴尬的境地了,好长一段时间他们部门没再来找我,只是偶尔现场协调一下,而现场人员感觉我给他们出气了,也都不是很配合工程部的协调工作了,我越来越觉得这样不是办法。几天之后,我也想通了,何必因为工作伤了个人感情,以后还有很多工作要协调,而且这样处理也明显有问题。我首先给他们的部长打了个电话,对那天的事道了个歉,也想通过他转达这个意思给那位协调员,缓和我们之间的关系。部长是个聪明人,满口答应,而且安排了另一位协调员加强对我们的沟通,意思大家都很清楚,接下来就是如何缓和与这位协调员的关系了。

火是我点着的,自然熄灭也得是我主动了,那时毕竟年轻,还放不下架子去给同龄人道歉,特别是觉得自己还占理。怎么做呢?几天后,偶然的机会,我在路上碰到他,看得出来他很想躲开我,但已经来不及了,本来准备硬着头皮谁也不说话就过去了,我鼓足勇气和他说了句问候的话,可他没有理我也没有看我,急速地走过去了。我后悔先理他,又生气他没给面子,但过后觉得也可以理解，事不过三，我就再主动一次。第三天后，我们又在楼道不期而遇，我还是主动和他打招呼了，我以为他会有所表示的，但他仍然没有理我，不过眼睛看了一下，就又匆匆走过去了……

在这期间，我也给现场开了个会，专门强调了配合工程部协调工作的问题，特别是对上次吵架的那位协调员的协调工作，一定要积极配合，绝不能让他感觉我们故意为难他，我们不能得理不让人，工人对这也可以理解，毕竟最近他们的工作情况好多了。

不是冤家不聚头，没几天，我们又碰上了，老远我就想，如果他还不理我，这是最后一次了，以后绝不再主动对他说话了。快碰面的时候，我最后一次主动向他问候："最近挺忙吧？"他停住了，说了句："还好"。笑了一下就过去了。以后他就开始主动说话了，没多久我们又成了好朋友，而且关系比以前还好。他过后说的一句话，我现在还印象深刻："你的度量真大，你够朋友。"

拥有良好的心态，还原一个真实的自我，以真诚的心去看待、对待这个世界，你将获得真诚的回报。胸怀有多大，事业就有多大。

有恃无恐

有恃无恐常常被我们用做贬义词，有了依靠就无所畏惧了，那么我们找个依靠，就会增加胆识。找个依靠就是找到自己的优势，令自己坚定地站起来。

有一个部门经理这样提问题，她说我是部门经理，我发现我手下的人总有比我强的，比我强的这些下层，我不敢管他们，你说我该怎么办。

我对她的建议是找到自己的长处，坚定地站起来。你有你的优势，别人有别人的优势，这叫恃强性。向刘备学习，向刘邦学习。刘备、刘邦手下也都有人比他们强，但是他们是英雄的领袖。可以用情商来弥补智商的不足，特别应该向刘备学习。

刘备是怎样征服关羽和张飞的心的？桃园结义以后，刘备晚上睡觉的时候给张飞和关羽盖被子，张飞和关羽感动得不得了，只有母亲给自己盖过被子，于是把心交给了刘备。怎么征服老百姓呢？让老百姓跟他走，皇叔不可能把你们扔下的，其实最后还是要放弃百姓，否则就被敌军追上了。刘备实在没招儿就哭上了，怎么办呀？他一哭底下人有表现自己的机会了。孔明说主公别哭，我来出主意，张飞说兄长你别哭，我来打，把刘备这种特点定义成缺陷美，自己表现出无能，给下属一个平台，给下属平台比指挥他做事儿更重要。

沟通路径上表现情商

理解他人模式的途径是交流，在他们的世界里认识他们，交流的意义在于获得反响。个体中有潜意识和意识两个层面的交流。如果我们想要人们对我们所说的话做出适当的反应，那么我们就要与他们交谈，而不仅仅是命令。

为什么要沟通？良好的沟通可以达到上下通达，左右逢源，时时有贵人，处处有资源。情绪管理能力，外在表现是沟通，在人与人沟通的时候表现出来情商。人与人沟通的路径有两大类：语言和非语言，非语言包括眼光、表情、文字、行为。如果在沟通的路径上良好运用情商，则沟通顺畅。

心理学博士研究夫妻反目的时候，他们的眼神碰到一起会产生什么样的生理反应，他在被试对象胳膊上面装了传感器，传感器连着电压表，同时给他们两个录像，回放时发现：当他们两个眼神碰到一起时电压表的电压升高。博士的推理是：这两个人互相憎恨，眼神碰到一起，心跳加快，泵血量增加，血管变粗，拉动传感器变形，经过功率放大器，推动电压升高。结论：眼神可以伤人也可以赢得人，因此要恰当使用自己的眼神。

大智若愚的人最会控制表情。有一些领导者看上去憨憨的，其实他的脑袋转得特快，让复杂的感情在脑袋里面高速旋转，表面平静，喜怒哀乐不形于色，不把高兴、愤怒的感情表达出来，这是大智若愚、平静如水、镇定自若、静水流深的表现。

> 一个小伙子卖小狗没有卖出去，敲开一户门是一位女士，女士说不买狗，他说不买没有关系，放你这里养两天。这个女士一想，好啊，玩儿两天小狗就够了，她就答应了。第二天小伙子打电话问太太，狗怎么样，太太说很好；第三天又打电话问太太，狗活着吗？太太回答狗活得相当好。愉快的声音从电话那边传过来，小伙子知道太太已经喜欢上这条小狗了，他准备夺人之爱，第四天打来电话说，太太，我去取狗了。结果太太说，你来取钱。原来坚决不买，后来坚决要买。这是基于情商的营销，先有情感互动，后有往来。

信函的互动也能够赢得人心，自从有了短消息，互动的频率大大增加了，用短消息检讨，用短消息赞扬。

要想对四种情绪有效管理，需要锻炼五种能力，认识自身情绪的能力，妥善管理情绪的能力，自我激励的能力，认识他人情绪的能力，人际关系的管理能力。如果觉得这句话太长记不住，可以浓缩成：

"认识自己，管理自己，激励自己，认识别人，管理别人。"

为什么要认识自己，管理自己，认识别人，管理别人？需要必然有其原因，原因就是自我激励。两种力量激励自己：恐惧和诱因。

认识自己用什么工具？用内省，认识别人用什么工具？用移情。《荀子·劝学篇》说："君子博学而日参省乎己，则知明而行无过矣。"老子说："知人者智，自知者明，胜人者有力，自胜者强，知足者富，强行者有志，不失其所者久，死而不亡者寿。"

如何内省？养成反思的习惯，每天对自己愉快和不愉快的经历进行反思。为什么别人说我好话，为什么别人说我坏话，为什么别人发火，为什么自己开心，为什么自己不开心，为什么别人乐于接近自己，为什么别人远离自己？

了解别人靠什么？移情。当你学会移情以后就不会对别人总是抱怨，他怎么总这么说呢，他怎么总干预我呢，产生这种不愉快的概率就会减少。了解别人用移情，了解自己用内省。

移情与揣摩

移情就是移情换位，先锻炼移情换位，把人分成老人、青年人、小孩等不同人群，移情换位以后要想知道对方怎么想，你还得锻炼更深刻的能力——揣摩。揣摩是鬼谷子提出来的，要想知道对方想什么就揣摩对方。揣摩身边的老人、青年人和小孩作为练习。

现在揣摩一下老人在想什么，家里有老人，揣摩一下家里老人在想什么，我能够想出老人的两个最大的特点，一个是恐惧，一个是唠叨。

跟老人互动的工具也有两个，欣赏和承认。这种谈话方式叫"话疗"——谈话治疗。当他侃侃而谈他当年也年轻过、辉煌过时，欣赏和承认就可以了，好汉不提当年勇的话就不必说了。

青年人最大的特点是什么？经验不足但拥有未来。只要他有梦想，他就会创造，遗憾的是不是所有人都能够看到这一点，于是给自己惹来麻烦。青年人如果早点儿学会谦和，会得到意想不到的支持。

要互相补台，不要互相拆台，否则就会倒台。如果你出卖了同伴，最后伤害的一定是自己。谁是我们的敌人，谁是我们的朋友，这个问题是革命的首要问题。弱小者不要率先打破平衡状态。

这样的案例在企业里面出现得太多了，要互相补台，不要互相拆台，各个部门之间往往存在拆台现象，你看我笑话，我看你笑话，让老总骂你，我幸灾乐祸，最后导致整体垮台。

弱者不要率先打破平衡状态，弱者最有可能成为变革的阻力，因此平衡状态对他最有力，不要把身边的人随便当成敌人，谁是敌人，谁是朋友，不要选错敌人和对手，选准对手和选准朋友同样重要。

在一个人成长的历程中，一个人一生的幸福不用依赖很多人，能碰到10个人就够了，如果你有缘遇到这10个人，你一生幸福。父亲、母亲、幼儿园的一个好阿姨、小学和中学负责任的班主任、大学一个好同学、参加工作后一个好上级、一个好同事、找个好对象、生个好孩子，遇到符合条件的人越多你越幸福。

企业家是造产品的,产品造坏了可以变成废品而毁灭;老师是培养人的,人越小时环境越关键,到后来修正就难了,人往后学习能力变强,选择能力变强,依靠老师的力度越小,所以小的时候很关键。一个老师只是培养人过程中的一个工序,如同流水线,一个环节紧挨一个环节的,哪个环节,哪道工序加的力量不对,人都会出问题。

老师要有崇高的使命感和责任感,情商要足够,要用自己的好情绪影响学生的情绪,正面影响孩子的情绪,这样才能培养出好人。当社会问题越来越多的时候,我想老师可能也需负一定的责任。各个环节的老师是不是都在认真对待,是不是真正在传播一些正面的思想,用自己的亲和力塑造学生向上的力量至关重要。

因此老师拥有阳光心态非常重要,老师有阳光心态才能把阳光照到学生身上去,老师要是每天自己愁云惨雾,阳光就照不进来。

有个年轻父亲看完《情商与影响力》以后激动得不得了。他的小女儿上幼儿园,阿姨告诉这个女儿的父亲,你的小孩儿内向,告诉你的女儿不要内向,要外向。这个父亲正琢磨着告诉女儿不要内向,要外向。还没有琢磨出来怎么告诉她的时候,听了这个道理,明白了要从正面诱导而不从反面批判,如果反面告诉她要外向不要内向,小孩儿就注意自己的内向了,然后她就会暗示自己是内向的,既而她就会真的内向了。

用人们很容易想明白的案例,培养人的良好素质,揭示人心的高洁、善解人意,提升人的情商,让他们学会体谅和宽容别人。

人犯了错误以后,丢掉的是什么东西?是自信和自尊。犯了错误,发现能力不行,自信心就没有了,别人再批判,他把自尊心又弄没了,所以人犯错误了,丢掉的是自尊和自信。情商比较高的人能够帮助别人找回这两点,真诚地理解和慰藉别人。

> 一个物流公司的叉车工人操作失误,把一个很贵重的设备弄坏了。这个工人吓得魂不附体,他是没有能力赔的,老板也气得浑身发抖,全体人员一致抱怨,批评这位工人怎么这么不小心。这时候年轻的工人已经无地自容,恨不得有一个地缝钻进去。
>
> 老板把他叫到自己的办公室,压住怒火,让他坐下,给他喝茶,让他不要害怕,写个说明(不是检讨)。这个工人感恩戴德,以后尽心尽力地工作。

这个案例能给我们什么启发?就是通过真诚的理解和慰藉可以找回犯错误人的自尊和自信。一个人有自尊和自信,会自我管理,如果这个人没了自尊和自信,可能就是一个恶人,什么坏事儿都敢干。我们现在缺少的就是相信别人,总以为自己是最优秀的,自己才是正义和正确的化身,这叫自以为是。

这样的案例给我们另外一个启发是:个人魅力靠故事传播;企业文化靠故事传播;管理思想靠故事传播;企业制度也靠故事传播。另外我建议,把制度变成培训。一个企业一定会有一套完备的制度,但是员工总会忘记制度的内容是什么。但当有人犯了错误的时候,管理者就会拿制度去教训别人:"你看这是制度规定的,你怎么不记得呢?"事实上没谁记得制度,但没有制度又不成方圆?这怎么办呢?把制度变成培训。如何培训?制度后边一定有一个故事,一个案例,把案例描述给员工,问问员工怎么处理。员工一定知道应该这样处理,这种处理的原则就是制度,他就记住了。因此,领导者要学会用案例培养人,学会用故事培养人。

领导者的职责是把自己的思想装进别人的头脑里,领导者就是把自己的思想装进别人头脑里的人,如图9所示,在你的思想和别人的头脑之间隔着一条河,这条河由各种因素构成,包括:听者的情绪、沟通的环境、彼此的地位等，想想如何把你的思想装进别人的头脑？

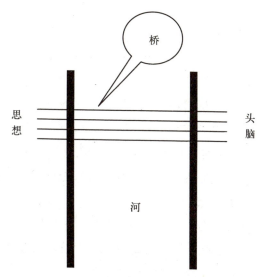

图 9　思想与头脑之间的河

要想让思想通过这条河需要架起一座桥梁，架桥的路径就是故事，可以很流畅地让你的思想过桥，你可以强行压制，可以强行管理，但这样思想的传递就不会很顺利，而讲故事可以诱导它。

换位要到位

真正的理解来自体验。书本描述的再完整也是经过整理加工过的信息，不是事物本身，只是事物的部分信息。只有实践后，才能够真正理解事物本身。体验分读书前和读书后。

如果不能亲身体验，就要学会尽量接近真实的思考。

到位要到当事人。当事人都有谁？自己、对方、旁人。如果对自己有利，对对方就可能没利益，可能旁人也看笑话，所以换位要到位，到位要到当事人：自己、对方、旁人。

即使换位思考到位了有时候也会想不明白，细节也可能想不明白。那么在什么情况下，即使是换位到位也可能想不明白细节呢？在以下情况下可能想不明白细节：

在知识不够、阅历不够的情况下，事前绝对想不明白细节。就说五星级酒店，如果一家酒店的所有人都没有光临过五星级酒店，那么可能永远塑造不出五星级酒店的服务模式。

为什么一定要把眼界打开？眼界决定眼光，眼光决定思路，思路决定出路，出路决定活路。

怎么才能把眼界打开呢？读万卷书，行万里路，阅人无数。读万卷书不如行万里路，行万里路不如阅人无数，阅人无数不如高人点悟，又有人说高人点悟不如跟着大师脚步。

我的一个余姓学员这样描述了他的一段经历：在泰国曼谷，清晨酒店一开门，一位漂亮的泰国小姐微笑着和我打招呼："早，余先生。""你怎么知道我姓余？""我们每一层的当班小姐都要记住每个房间客人的名字。"我心中暗自高兴，乘电梯到了一楼，门一开，又一名泰国小姐站在那里："早，余先生。""啊，你也知道我姓余，你也背了名字，怎么可能呢？""余先生，上面打电话说你下来了。"原来她们腰上挂着对讲机。

于是她带我去吃早餐，餐厅的服务员替我上菜，都称呼我余先生，这时上了一盘点心，点心的样子很奇怪，我就问她："中间这个红红的是什么？"这时我注意到了一个细节，那个小姐看了一下，就后退一步向我解释；"那么旁边那一圈黑黑的呢?"她上前看了看,又后退一步向我解释。后退一步是为了防止她的口水溅到我的菜里。

在我退房的时候,刷卡后她把信用卡还给我,然后再把发票折好放在我的信封里,对我说:"谢谢你,余先生,真希望第七次再看到你。"原来那是我第六次住这个酒店了。三年过去了,我没有再去过泰国,有一天我收到一张卡片,发现是他们酒店寄来的:"亲爱的余先生,三年前的4月16日你离开以后,我们再也没有见到你,全体员工上下都想念得很。"下面写着"祝你生日快乐"。原来写信那天是我的生日。

这种高情商的优质服务无疑赢得了一个顾客的心。

情感自治

造物主对人说:你是人,你是地球上唯一理性的动物,你用你的智慧统治万物,控制世界。但是没有告诉人如何统治人,如何管理自己的情绪,因此人管理动物很容易,而管理人和管理自己却很难,由此留下空白让我们自己来填空。情感自治就是自己能够管理和左右自己的情绪,不能让情绪像一匹脱缰的野马,拉着自己的身体这架马车狂奔。自己管理自己的情绪叫自治,不能自治你将被治,自治是自由的,被治是不自由的,而人最大的幸福是自由,自己能够管理自己的情绪就能获得自由。

小胡的经历:小胡的心情极其糟糕,因为开车去买东西回来的路上,眼看着路口的绿灯闪烁,马上变成红灯,自己还是

> 没有松油门,一路闯了过去,还没有过路口的时候,红灯却亮了。小胡开车的心态十分不好,如遇到前面有慢车,自己不得不换线超车时,他往往迁怒于慢车,想当然地认为慢车上的司机是不懂珍惜自己和他人时间的人,并在超车后故意压到慢车的前面来示威;而当自己开车时,有别人突然超车跑到自己的前面,自己往往一肚子气,认为那车上的人是个不懂交通规则的家伙,有时会加快车速,再超到这个人前面,以出心头之气,这是一种冲动与愤懑。他自己也知道这些情绪是不好的,在工作和生活中带有这种情绪会反过来影响自己的工作和生活质量。那么自己为什么会这样,又怎样改正呢?

首先是因为在生活、工作上为自己设计的计划和节奏太紧张,长期以来养成了风风火火的习惯,而在事情超出预料,不能按原计划行事时,则会急躁。其次,在事情不如意时(例如想快点回家,前面却有慢车挡着),往往想当然地认为别人是在怀着愚蠢的动机做愚蠢的事,从而充满愤懑,迁怒于别人。

知道了不能改、想到了做不到是什么原因?第一是不重视,第二是没有养成好的习惯。要彻底改正,就要做到以下方面。

对自己每天要做的事情做一个时间充裕的可行性计划。留点时间余量,不要把时间安排得太紧。可做可不做的事情,比如看电视、消遣等,有时间就做,没有就算了。这样,不至于使自己不得不处于风风火火的状态。

要学会移情换位,在事情不顺利的时候,要把别人往好处想,而不是往坏处想。这样会使自己更加体谅别人,也使自己不会充满冲动与怨恨,使自己处变不惊,仍然心平气和。

培养好习惯,反复提醒、纠正自己要临危不惧,从而将其培养为一种习惯。无论以后遇到慢车还是别人无礼超车,都可以泰然处之。学会镇定,因定而慧。

> 马鸣的故事:从小到大,我都是父母和老师眼中的好孩子,活在他们的赞美当中,这使我一直很在意别人对我的评价,希望得到别人的认可。随着人生阅历的增加,我也认识到不应太在意别人对自己的看法,只要自己对自己满意就好了,但有时候仍然对别人的评价耿耿于怀,特别是来自家人的负面评论。我太太是一个说话直来直去的人,特别是对我。我觉得这是个优点,但问题是她一直以来直白表达的都是对我的不满:我没有给她提供好的生活条件;而当我努力工作,买了房子,生活有所改善以后,她又说我对她不够关心;于是我又开始给她每天做饭,洗衣服,而她又说她同学的老公对她同学更好,做的菜更好吃;于是我又忙着翻菜谱,提高自己炒菜的技术,而她又说……总之无论我怎样努力,她总还会有不满的地方,并总是采用拿我和别人老公对比的方式表达出来。几年来,这让我一直感到不舒服,因为她总是拿别人的长处和我的短处比较,而对我的优点置若罔闻。我觉得自己已经努力了,而且做得也不错,虽然在某些方面可能不如别人的老公,但相比我认识的一些男士,我不是最好的,也一定属于较好的。我对她的话尽量采取认真聆听、宽容和忍耐的态度,有则改之,无则加勉,但有时忍受不了,就会争吵。我们吵过很多次,不过之后她依然如故。
>
> 到目前为止,虽然这还没有给我造成很大的困扰,不过这种情况仍然需要改善,我知道必须操之在我。
>
> 首先要管理好自己的情绪。抱着平常心来对待太太的评价,

不过分在意她说的话,不被她说的不客观的话刺激、伤害。要做到这一点,我需要在意识里对老婆的话再编程。其实她也对我说过,她之所以会这样做有两个原因:受她爸爸的影响,专爱讥讽别人;从小娇生惯养,养成了以自我为中心的习惯。这样,以后每当她再妄加评论的时候,我就权当她很在意我,希望能以此引起我的注意或者干脆认为她其实是在赞美我,另外我还可以找一些适当的方式宣泄情绪,这样,我就可以保持平常心,不会轻易被她的言语刺激、伤害了。

慢慢改变她,这当然还远远不够,要从根本上解决问题,就要使她以后不要再对我妄加指责。离婚已经被证明是不可行的,因为当我上一次因生气而提出来的时候,她诚惶诚恐,而且根本不知道自己错在哪里,这说明她即使对我有不满,也不是原则性的,何况我们现在有了孩子,大家对生活及对方都基本满意,她对我的指责已比以前少多了,所以我只能在这方面改变她,让她知道:每个人都有缺点和优点,对自己最亲的人要懂得珍惜,对别人不但要看到对方的缺点,也要看到优点,要宽以待人。

其实这些我对她都讲过,但并没有从根本上让她接受,所以以后要注意沟通方式。心平气和地和她讲,告诉她我心里的感受,使她明白她的话确实对我造成了负面的影响。另一方面,我也要认真聆听她的话,了解她的真实想法。如果她说的有道理,自己还是要尽量改正。同时,自己平时一定要注意向她提意见的方式,不用她的方式来对待她,避免引起对抗。但同时我也意识到,这会是一个漫长的过程,我不期待一次沟通后,一切可以变好。在这个过程中,我要保持平和、乐观的心态,并把这个看成是磨炼自己,培养操之在我观念的一个机会。

积极心态的自我暗示

经常使用能保持良好心态的自我提示语，积极的提示语能起到心理暗示的作用，经常使用一些激励性的提示语，并把它们牢记在心，使它们成为自己精神生活的一部分。这样，潜意识的提示语就会在平时不自觉地显露出来，并影响我们的心态，控制我们的情感。当然，这些能保持积极心态的提示语并不是固定不变的，只要是能激励我们积极思考、积极行动的词语，都可以作为自我提示语。

有个年轻人说起一个在自己身上发生的故事：我有一位很好的朋友，从小一起长大，大学又在同一个城市，经常相聚，互相帮助，情同兄弟。毕业以后，我来到北京，他回到家乡，但每年总要见几面，见面时有说不完的话，感情好极了，至少我觉得如此。有一年，他买房需要钱，找我借钱，当时我也刚买了房，也没有剩下多少钱，但考虑这么好的朋友，能帮一把就帮一把吧，把自己仅有的两万块钱借给了他，当时心里很高兴，觉得自己对别人还能有所帮助。第二年的春节，我回家结婚，通知了一些同学和亲友，其中也包括这位朋友。到家之后，我又特地打电话给他，希望他务必出席，他也欣然答应。在结婚的当天早上，我突然接到他的电话，说他的车在途中和别人的车追尾了（他的工作地点离我结婚的地点大概50公里左右），现在正在处理事故，不能来参加我的婚礼了。当时我觉得这也太巧了，但又不能说些什么，只能说太遗憾了，有时间再聚吧。这件事以后，我越想越觉得郁闷，感觉他不像是真的出了车祸，可能是怕见面以后说起那两万块钱。过了一段时间，他又主动

> 给我打电话,并把钱还给了我(通过汇款),但我心里总觉得有些别扭,找不到以前的亲密感觉。

其实做人应该达观,既然是朋友,索性相信他,他是真的出了车祸,如果不相信,说明自己是以小人之心度君子之腹了,这就没有摆正心态,而且,相信他说的是事实,自己的感受会好一些,证明以前的交往是真诚的,不然自己岂不一直都生活在被欺骗之中。

重要的不在于事情本身,而在于你对事情的看法。换一种角度,你会更快乐,人应该更积极地看问题。

那么如何调整心智模式呢?

生命的意义在于过程而不在于结果,自己能把握的就只有自己,能否成功除了自身的努力还有天时、地利、人和等多方面的因素。要对自己的现状满意,在不断前行的道路上学会不时暂停脚步,体会阶段性的胜利,相信自己正在以最好的方式发展。肯定自己已经获得了许多人没有的东西,有众多的知心朋友,自己已经是时代的幸运儿。过去已经随风而去,除了总结经验外,其实没有回顾的意义,将来还遥远,也不是自己能够把握的,只有现在是实际的。生命由一系列现在构成,认真而简单地生活,幸福的每一天必将构筑一个美好的未来。

{ 幸福的感觉同物质拥有程度没有直接的关系,关键在于心态。}

有什么样的态度决定了有什么样的人生。选择幸福,我们就能找到幸福的理由。如果我们每一天都保持好心情,就能保证一生的好心情。

第十二个工具

开　悟

我把生命比作一团火，我向生命之火取暖，当火熄灭的时候，我就该走了。当你不再为这个世界付出的时候，就是你熄灭生命之火的时候，这就是开悟。

开悟者轻松

金钱、地位、婚姻、子女、职业，诸如此类的外在成就如一面放大镜，我们的情绪会受之感染、随之起伏。如果你的内心是平和的，你将会感到更加平静和喜悦；如果你是自信的，你就会感到更有信心。但从另外一方面而言，如果你不快乐，你会因此变得更加烦恼；你如果没有成就感，"想要得到更多"的意念只会让你的生活更加杂乱无章并发生更多问题。

想要多赚一点钱并没有错，但如果将快乐建立在物质享受的基础上，金钱就会变成一种桎梏。真正的喜悦应来自于内心。平和、自信、珍惜自己，在这样的心态下，财富才能带来更大的快乐。

如果你在不断追求目标的同时能珍惜所拥有的一切，你就掌握了这个秘诀：不管外在环境如何，要做到珍惜自己、使自己快乐、对自己有信心。这样一来，当你取得更高的物质成就时，就会由衷地体味到成功的快乐。

如果缺乏个人成就感，更多的物质只会让我们感到更焦虑、更不满足。如果你想不通这个道理，不妨看看那些八卦杂志吧！为什么上面总是写满了有钱人的负面消息？因为对于一些富翁或名人而言，固然有财富和名望，但不幸、离婚、暴力、背叛、沮丧或毒瘾也会伴随他们。由此可见，财富可以让人享受生活，也可能带来灾难，关键在于我们是否已经获得了某种程度的成就感。

个人的成就感发自于内心，为此，你要做自己的主人，也要学着真心欣赏自己。在追求目标的过程中，成就感会带给你自信、快乐和力量。个人成就感的意义不仅在于实现目标，更在于珍惜所拥有的一切。如果你缺乏成就感，即使得到更多，也永远不会感到满足和快乐。

永恒的快乐发自内心。你必须心存快乐,物质成就才会带来快乐;你必须充满自信心,成就与新知识才能带来信心;你必须欣赏自己,才有能力维系一段感情;你的内心必须充溢着平静和安宁,才能感受到生命的和谐与安详。同时,你必须以快乐的心情去面对世界,然后积极主动地争取,才能感受到生命中源源不断的喜悦。只要你是快乐的,即使物质并不满足,也仍然可以享受美好的生活。自信心则犹如温暖的流水,当你置身其中,只要稍微动一动就可以感受到自信的力量。祥和与安宁也是如此,当你全心感受时,人与人之间的关心和爱护将使你感到和谐和温馨。

不过从另一方面来讲,如果你是个不快乐、缺乏关爱、没有安全感或是紧张焦虑的人,与他人交往将使你变得更不快乐、更焦虑、更紧张。尽管你想尽办法获得物质生活的满足,但仍会感到痛苦与压力。

"想得到更多"是人类的天性,每个人的灵魂、思想、心灵与感官都有这样的欲望:我们总是追寻更高的精神境界、更多的新知识、更多的爱,或是更多的感官享受。如果你能坦诚地看待自己,就会发现,自己总是希望得到更多。

我们总希望生活中多一些爱,也希望事业蒸蒸日上;我们总希望活得更富足、更高尚、更快乐,这些都是自然的心态,并没有错。

{ 早成功不如晚成功,晚失败不如早失败。 }

我们之所以不快乐,并不是因为愿望太多或是所得太少,也不是外在环境的影响,而是因为内心缺乏喜悦,这才是不快乐的真正原因。愁苦就如黑暗,只要打开电灯,就可以重见光明。只要我们学会打开心中的明灯,就能扫除不快乐的情绪。

当我们找到真正的自我时,快乐就随之而来。快乐是蕴藏于人们心中的,所谓的"真我",应该是快乐、热情、自信的个体,所以,为了找到真正的快乐,我们必须开始自我探索,重新寻回"真我"。换句话说,你所追寻的快乐、关爱、力量与祥和,其实早就深植你心,这些特质就是你的"真我"。当我们找到真正的自我时,真正的阳光心态就会永远伴随着我们。

领导者应该具有领导魅力。什么是魅力?偶像派歌星具有魅力,众多少男少女为之疯狂;足球明星贝克汉姆具有魅力,他的每一件事情都会被狗仔队跟踪曝光,永远是人们津津乐道的对象。那么,什么是领导者应具有的魅力?

领导者所具备的应是一种人格魅力:永远乐观、豁达、果敢,用自己的心态和行动去感染别人、激励别人。要做到这一点,就要塑造自己的阳光心态:学会感恩,对他人和社会怀着一颗真诚的心,懂得自己所取得的每一点成绩离不开社会和他人的帮助,也愿意以自己的能力去帮助他人,回报社会;知道满足,面对现实,不好高骛远,更不孤芳自赏,怀着欣赏的态度、愉快的心情来做事情,享受通往目标的每一个过程;心胸豁达,用积极的心态去看待事情,对待他人,在做好事、给他人带来快乐的同时,自己就会收获成功,赢得朋友。

"仰天大笑出门去,我辈岂是蓬蒿人。"这是李白在《将进酒》中的名句,从这句诗中我们看出李白的心态充满阳光,既超脱又昂扬的气质跃然纸上,不愧"诗仙"雅号,而这种超脱且昂扬的阳光心态正是深入李白骨髓中的儒道思想所孕育的。

"达则兼济天下,穷则独善其身。"这是千百年来中国士大夫阶层所遵循的立身之道,也是他们调整心态的不二法门。

"达则兼济天下"充分反映儒家"入世、进取、建功立业"的人生哲学,它鼓励人们向上,承认、赞许人们的自我实现需求。但仕途艰险，总会有这样那样的问题出现，总会有这样那样的挫折相随。当壮志难酬，事业不顺时，如果还以儒家那种"不成功便成仁"的思想要求自己，很多人的神经将难以支撑，这时道家"出世、避让、顺其自然"的哲学正好与其互补。

"穷则独善其身"，济世无门、建功无果，那么我就眼睛向内，寻求自身修养的提升，就出世、避让、尊重现实，寄情山水，寻求心灵的超脱。这样在报国无门之时，道家思想将士大夫们的心态调节得依旧阳光。但是这种出世、隐居并不意味着，从此这些士大夫们真要成为闲云野鹤，其实他们仍在等待着机会，仍然抱着济世安民的理想，一旦条件成熟，他们就会再度出山，寻求自我价值的实现。只是这时有了儒道思想的双重滋养，他们已是进退自如了。

儒道思想既鼓励人们积极进取，满足了人们自我实现的需求，又为人们提供了在逆境中心灵避风的港湾。儒道思想不但分别在"达"和"穷"的境况下调节着人们的心态，而且它们也往往形成互补。这就是说在"达"时，士大夫们能以道家淡泊功名的思想使自己不为功名所累，心态阳光；在"穷"时，他们依然以"我辈岂是蓬蒿人"的豪情激励自己，不放弃实现自我的理想，这样，人们的心态在各种环境下都能保持阳光。可以说儒道思想是中国人保持阳光心态的法宝。这才有了李白身处逆境之中依然"仰天大笑出门去"的豪迈，这才有了王维高居庙堂依然"清泉石上流"的淡然。

今天，在我们这个物欲、权欲横流的社会，人们的心态仿佛污染严重的城市天空一样，难见阳光。追权逐利，即所谓的实现人生价值，是当今大家孜孜以求的目标。然而欲壑难填，如果仅以此为目的，终将为其所累。可是不追求它，自己不容易说服自己不说，家人难免也要骂你无用。无怪乎在物质生活越来越丰富的今天，人们却越来越累、越来越烦，传统人文价值观丧失。我们的心灵荒漠目前所急需的是一眼甘泉，这就是以儒道思想为代表的中国传统文化。深入挖掘儒道思想的精髓，不但有助于重建我们礼仪之邦的价值观，还必将有助于国民重塑久违的阳光心态。

善于发现生活中的美

开悟的第一步：善于发现生活中的美。

生活当中不缺少美，缺少的是发现。如何发现得更多？养成一种习惯，善于发现生活中的美。

比如，今天下雨了，道路拥挤，司机都着急，有的人急得直骂。感恩吧，最缺的资源就是水，下雨空气湿润有益健康。今天刮沙尘暴了，烦透了。感恩吧，正因为有沙尘暴，才知道美好天气的可贵。天冷了，感恩吧，因为体验了冷，才知道温暖的美好。天热了，感恩吧，因为经历了酷热，才知道凉爽的美好。因为经历而超越。如果你的太太美丽，感恩她给你的妩媚。如果你的太太平凡，感恩她给你的平静。再丑陋的事情也有美丽的方面，能否发现在于悟性。

要接受自己、接受别人、接受现实。一些人抱怨自己的孩子不聪明，这孩子怎么这么笨呢？除了有一个好体格，啥都不会。孩子有一个好体格不错了，有的孩子还残疾呢。如果你身上有一个小毛病，你就想想有的人有大毛病；如果你有一个大毛病，你就想想有的人的毛病终身治不好；如果你的毛病终身治不好，你也不要痛苦，有人带着跟你一样的毛病，但他已经先你而去。

要学会欣赏每个瞬间，要热爱生命，相信未来一定会更美好。

每一个刚毕业的大学生在单位工作一段时间，就会发现种种的不适应，现实离原来美好的憧憬总是那样遥远。

> 古力回忆他的故事：当我拿自己的工资与别人比，拿自己的付出与别人比，拿现在的同事关系与以前的同学关系比，发现现实与目标差距太大了！但跳槽的想法遭到了家长的极力劝阻，而我找工作时与家庭的矛盾也使得我只能妥协。跳槽无望反而令我安心了。埋头工作，才发现有那么多我以前没有接触过的知识，充满挑战和乐趣；融入环境，才知道同事也非常可敬，可以帮我解决很多的困惑；老板也还是不错的，至少舍得花钱培养我。于是很快熟悉了工作，得到大家的肯定，对自己满意了，信心足了，同时钱包也渐渐地开始丰满了。
>
> 我的一位好友，同我一起进入这家单位，发现不适应，不到半年便跳槽走人。他的第二份工作只持续了3个月，现在已经换了N份工作，期间还自己创业两次。每一次发现不合适，便迅速转行，每一次的跳槽和创业都惨遭失败。工作四年，我利用自己的积蓄来清华上学，而他仍在山东某一城市苦苦挣扎，积蓄为负。

这件事情对我影响非常大。相信回顾一下我们的周围，你会发现，面临着同样的环境，总有一些人在那里或喋喋不休、怨天尤人，或垂头丧气、冷眼观望；也有另外一批人，坦然面对现实，积极努力。既然现实总存在着缺憾，坦然面对它吧，其实缺憾也是一种美，它能磨炼人的毅力，培养人坦然的品格和踏实的心态。积极地去面对现实，当遇到不顺，就当是上帝对你的磨炼和考验，过去了这道关口，你就成功地开始了自己人格魅力建设的第一步。

放 下

开悟的第二步：放下。

人有三个欲望：名、利、情。为名者愤恨终生，为利者六亲不识，为情者苦苦相斗。

真正的放下是指放下名、利、情，不为三个字所累。一点没有名、利、情的人不可能存在，但是过度求之又难以满足。放下名、利、情不是不要，不是出家遁入空门，而是淡泊而后求之。如果能够享受追逐目标的过程，不把得失萦绕于心，是普通人能够放下的境界。因此，对一般人来讲，放下就是不萦绕于心，随缘、随喜、自在。正如老子说：知足常乐。

> 学会忘记有时胜过记住。要学会忘记、谅解、宽容。不原谅等于给了别人持续伤害你的机会。有两个和尚下山化缘，回来的路上遇到了一条河，河边有一个美丽的女子，女子不敢过河。小和尚有心想去帮她，又怕别人说闲话，老和尚毫不犹豫地把女子背过河去。快到寺庙的时候，小和尚说，出家人不近女色，你为什么要背那个女子？老和尚说，我已经把她放在了河边，你怎么还背着她呢？

现在我们继续分析这个案例：

老和尚说：真正的出家人眼里只有人，没有男女，我只看到了人，你怎么能够看出男女呢？到底是谁不近女色呢？老和尚也可以说：我用背背她，你怎么用心背她？又是谁不近女色呢？

见了就做，做了就放下，了了有何不了

慧生于觉，觉生于自在，生生还是无生

兴化宝光寺庙一对联

> 一个痛苦的人找到禅师倾诉心事,说:"我放不下一些事情,放不下一些人。"禅师说:"没有什么东西是不可以放下的。"他说:"这些事情和人我确实偏偏放不下。"禅师让他拿着一个水杯,然后就往里面倒热水,一直到水溢出来。痛苦者马上把杯子松开了。
>
> 禅师说:"这个世界上没有什么事情是放不下的,痛了,你自然就放下了。"

用诱饵钓鱼,用名利诱人。姜子牙说:"用诱饵钓鱼可以把鱼钓尽,用名利钓人,可以把人才钓尽。"你用名利钓别人,别人用名利钓你,到底谁在诱惑你,你是主动找诱饵还是被诱饵诱惑?人存在需要名利,但是不能被名利吊死,所以举起来要放得下。

> 我邻居中有一位70多岁的老太太,每天都在向人抱怨,抱怨她以前的生活多么穷苦,抱怨她的丈夫年轻时多么不会照顾家庭。当她老家的亲戚、朋友到她家做客或者求她家人帮着办事情时,她首先想到的是当她穷苦时这些人跑哪里去了,为什么现在才出现。在她的抱怨声里,亲戚朋友自然就很少过来了,老伴想尽各种理由出去放松,只留下老太太每天独自待在家里,于是她更加郁郁寡欢。

我们大概都遇到过这种老人,都不喜欢同这种人过多交往。时常注意一下,我们自己是否已经变成了这种人,眼睛始终盯着过去,抱怨过去,好像全世界的人都对不住他。在我们沉迷于过去的同时,在我们抱怨的同时,我们失去了友谊,失去了前进的目光和行动,更失去了机会。这样,我们只能陷入糟糕境地–抱怨–失去机会–

境况更加糟糕的恶性循环。

良好的心态像太阳,照到哪里哪里亮;消极的心态像月亮,初一十五不一样。心态决定命运,有什么样的心态就有什么样的生活。宽以待人,大度处世。由于生活、工作境遇的复杂性,我们不可避免地会遇到很多不如意的事情,因此很容易让人烦恼,产生消极情绪。更可怕的是,如果任由这种情绪发展下去,它就会像影子一样跟随着你,压抑你的活力,腐蚀你的激情。长此以往必然会使你感觉生活黯淡无光,工作毫无乐趣,从而使你的人生一步步走向失败。所以当我们遇到烦恼和忧愁时,一定要宽心、大度地对待周围的人和事,不要让消极情绪产生,成为我们的绊脚石。及时、积极地去分析问题之所在,然后想办法去把它化解,以利于重新回到正常的生活、工作的轨道上来,去开拓进取,用收获的喜悦填补我们的生活,给自己营造一个宽松、愉快的生活环境。

积极投入

开悟的第三步:积极投入,利用而不是无奈。

学会利用现有资源把事情做成,而不是消极等待。如果有柠檬,就做柠檬水。这里面有两层含义,第一,柠檬是酸涩的,但柠檬水是甜美的;第二,你别嚷嚷怎么没有苹果、香蕉啊,利用现有的资源把事情做成而不是消极等待。敞开心扉拥抱这个世界吧!为你的选择全力以赴,你不会后悔。身在曹营心在汉,你将失去另一个机会,你现在走的每一步都是通向未来进步的阶梯。

给我装修的工人中,有一个油漆工让我印象很深,虽然干的是粗活儿,但他总是很快乐的样子,只有两年工龄的他悟性极高,可以和老师傅拿一样的工钱。有一天我发现他在拿着我家锅炉的英文说明书仔细阅读,后来他的工长告诉我他在高考时以2分之差没能考上大学,他来自湖北,按照他在湖北名落孙山的成绩,在北京报考的话已经可以进一所不错的重点大学了。我想一个能够迅速调整好心态,立足于当下,做好手中每一件工作的人不会一直沉默下去,后来听说他自己开了个家具厂,成了当地小有名气的企业家。这种教育资源的不公平当然令人很不平,可我们也看到很多农民工来到北京,意识到这样的不公平,然后怨天恨地,从此把精力耗费在这种无休止的牢骚中,不再专心于手里的工作,到最后连赖以谋生的手艺也荒废了。

每一步都连接着过去和未来,现在的每一步都是走向明天的台阶。把握现在才能成就未来,明天还没有来,昨天已成过去,能够把握的只有今天,只有现在。活在当下,把握现在。

用一颗开放的心去拥抱世界,就会结识很多朋友,得到很多信息和资源,从而得到帮助,战胜难关。否则,独自承受压力和困难,独自忍耐一切的不幸和痛苦,只会令人越来越无助,越来越痛苦。

服务他人

开悟的第四步:服务他人。

掌握了开悟的艺术,机会就会到来。因为是为别人,所以能够赢得别人的追随。着眼于未来,活在当下,就会解放精神,放下情感包袱,创造激情、财富和权力。对他人敞开心灵,你会获得平和,热爱他人是你能够同别人分享的最伟大的礼物。

只有当人服务于他人而不是自己时,才会发现自己是一个真实的人，人的构造如图 10 所示。一个人没有能力的时候靠别人养，有点本事的时候想独立自主，例如刚刚有独立能力的年轻人希望脱离父母独立生活。本事大了要福荫别人，如父母、亲属、朋友、社区、社会。再看透一点儿，一个有能力的成熟的人是在为别人，而不是为自己，在为别人的同时为自己。钱多的时候有人找你借钱，你没有钱的时候没有人找你借钱。你有权的时候别人找你办事，当你没有能力办事的时候不会有人找你。你有力气别人找你出力，你有智慧别人找你出智慧，你会看病别人找你看病，你会写字别人找你写字。总之别人在研究你的资源和能力情况，大家都在充分利用你的资源和能力，这时候你别烦恼，人就是互相支撑着往前走的。

图 10　人的构造

因服务他人而获得人们爱戴的例子不胜枚举。在力所能及的情况下，要学会帮助他人，而且是不求回报地帮助他人。做到了这一点，就能够收获友谊、尊重和信任，而这正是领导魅力之所在。通过帮助别人，也可以帮助自己发现并避免很多缺陷和不足之处，用别人的眼泪换来自己做事情的经验。常常帮助别人，也升华了自己的胸怀和感情，让人变得高尚。

金钱的价值在于使用，人的生命价值在于有用，成功的企业家最终走向慈善家。

我把企业家定义成"移动财富的人",把财富从东边移动到西边,又从西边移动到南边,在这个过程中实现个人价值,积累一点剩余还要捐出去福荫别人,自己不能花掉所有。有人说,前半生赚钱,后半生捐钱,确实是这样的。一个人希望一生有两个隆重时刻,一个是婚礼,一个是葬礼。婚礼的时候没有本事,参加的人不多,指望葬礼隆重一点。有多隆重呢?我要告诉你的是,你是谁并不重要,能够参加你葬礼的人的数量主要取决于天气。天气好了大家来看热闹为你送行,天气不好,人家就不来了。

> 公司的意义就是用商业的方式帮助社会解决问题。
> 生命的价值就是通过给别人带来快乐而让自己获得更大的快乐。

这样想就想开了,实在想不开就参加一次别人的葬礼,这样你就想开了。你会发现,再多的财富,再大的权力,再多的学问,都是一股烟上去,其他全放下,连灰尘都得放下。有人告诉我当时真的想明白了,过些天又忘记了,我建议你再参加一次别人的葬礼,就不会再忘记了。

这样思考的结果是:淡泊名利而后求之。

努力获取名利,能得到高兴,得不到没有关系,钱还在那里,只是在银行,数字在别人的名下,最后也是捐出去。谁捐不是捐呢?那个希望小学存在就行了,管它在谁的光环下呢,况且你已经学会了放下,让受恩的人感到轻松。

"以饵取鱼,鱼可杀。以禄取人,人可竭。以家取国,国可拔。以国取天下,天下可毕。"用诱饵钓鱼,用名利钓人。你用名利钓别人,就有人用名利钓你。螳螂捕蝉,黄雀在后。既要吃到诱饵,又不能被钓死。所以要带着好心情去争,淡泊名利而后求之。有两个原因:第一可能求不到;第二求到了也是为别人,名利是船,船小装自己,船大装别人。努力造大船,让更多的人因为你而受益。因为你求名利是为别人带来快乐,所以自己要带着快乐的心情去求。

事业就是船,就是名利。生命是河。我坐在事业这条船上,沿着生命之河顺流而下,不要忘了享受两岸风光。不论船有多大,行程有多远,都不重要,就如同沧海一粟。我们也不必一定要到达彼岸,因为彼岸和此岸也没有什么不同,我们本身就是从彼岸来到此岸的。我们只是沿着生命之河走了一段而已。

这种豁达的姿态,确实能够使自己获得博大的胸襟:

心如水坑,击一小石而飞溅;

心如大海,投一大石而无碍。

老子说:"天下万物皆生于有,有生于无。"因此,无 = 有,有 = 无。当你没有钱的时候,你有很多东西。你都有什么呢?你有胃口,你有时间,你有赚钱的欲望,你有健康,你有兴趣,你乐于逛公园,甚至最简单的公园,你有朴素的感情。

当你有钱的时候,你没有了什么呢?你没有了胃口,你没有了时间,你缺少了健康,你缺少了兴趣,你缺少了很多东西。

上帝是公平的,把美食给了富人,把胃口给了穷人。因此,当你穷的时候,为有好胃口感恩,为你有想吃好东西的欲望而感恩,因为当你有钱以后,你最痛苦的就是不知道吃什么,经常吃饭店的人最大的痛苦就是点菜了,以至于点菜成为了酒席上最劳神的工作。

桂花飘香但是形容可怜,牡丹无味但是美如天仙。给女人美丽的容貌,却给了她容易受伤的心。上帝不让任何东西完美,所以人类才渴望完美。由于没有完美,因此追求完美只是一种梦想,我们能够做到的就是享受追求完美的过程。

否则是自找苦吃，徒劳无功。痛苦来临时别问怎么偏偏是我，因为幸运来临时你也没有问过为什么偏偏是我。如果你认为幸运是理所当然的，那么当痛苦来临的时候你也应该这样想。上帝是公平的，在关上门的同时还会打开窗户，因此要学会跳窗户。在生命高峰的时候，享受它；在生命低谷的时候，忍受它。享受生命，感受幸运；忍受生命，了解自己的韧性，两者都令人欣喜。

{ 每个人都是上帝咬了一口的苹果，所以每个人都不会完美，所以人必须接受自己的不完美。 }

你知道了未来之路，放弃了所有过去的包袱，你将开始创造生命中的激情、财富和权力。你的心将因为向别人开放、热爱他人而平安。人因为对他人有用才有价值，因为你为别人，所以人们乐于为你工作。

{ 你能够给予这个世界的最大礼物是把你的收获还给世界。 }

我把生命比做一团火，我向生命之火取暖，当火熄灭的时候，我就该走了。当你不再为这个世界付出的时候，就是你熄灭生命之火的时候，这就是开悟。

第十三个工具

给心洗澡

阳光心态是给心洗澡的水,洗干净了,也会再被污染的。因此要经常洗。

阳光心态是洗心水

为什么说智者乐水呢?因为有智慧的人都研究过水,有以下行为证明:

孔子乐水。孔子看到了水,提出了:"逝者如斯夫,不舍昼夜。"

老子乐水。提出了"上善若水,水善利万物而不争,处众人之所恶,故几于道。"

庄子乐水。提出了秋水的故事。秋天到了,河水暴涨,河水(河伯)欣然自喜,自以为天下最美、最大、可以笑傲江湖,到了东海才发现自己太渺小、浅薄、卑微。从此河水学会了谦虚。

我也研究水,我研究了洗脸水、洗澡水、洗脑水。也有洗心革面的水,这种水在监狱里,但是要用自由来换取。如果有一种水能够给人洗心,人就不必到监狱里去洗心了。阳光心态是给心洗澡的水,有可能让人"肉身不进监狱,精神不入苦海"。

> 阳光心态是洗心水。

尽管洗澡了,但是暴露在环境中还会污染。还要再洗。身体暴露在环境里,心暴露在心境里,都会被污染。心也要经常洗,读阳光心态可以清理一下这段时间积累的心灵灰尘。

某省交通厅的五任厅长,前"腐"后继地落马。能够升到厅长,其自我管理能力是很强的。一任厅长以血书的方式向上级表白:"我以一个共产党员的名义向组织保证,我绝不收人家的一分钱,绝不做对不起组织的一件事!"继任厅长立下军令状,表示一定要吸取前任厅长的沉痛教训,并提出口号:"让廉政建设在全省高速公路上延伸。"后任厅长上任时提出的口号是:"一个廉字值千金"。

一个落马的市长曾经说:"不漂浮、不作秀、不忽悠、不留败笔、不留遗憾与骂名",还提出要"清、明、勤、思"。

当他们在说这些话的时候,有三种可能:

一种可能是这些话是秘书写的,他们只是读一下。这些话根本就没有在他们自己的脑子里留下任何印象,也没有在内心留下任何思考,如同微风拂面,飘然而过。

一种可能是他们是演员,只是在演戏而已,背背台词,做做表情,吸引眼球和注意力。

一种是他们当时真的是这样想的,说的是心里话。就如同初恋的人发誓一样,海誓山盟可以感天动地,确实是真心的。但是那是激情来临时说的话,激情过后又恢复了常态。上任之初心静如止水,心是干净的没有被污染,因为没有权力,所以也不会吸引灰尘。但是随着时光流逝则波涛汹涌了,心就会被环境中五颜六色的诱惑所吸引,就会受到污染。尤其是官当大了,没有人敢于指责和弹劾自己了,公检法司都成为了哥们,慢慢就养成了一方"皇帝"的感觉,以为可以为所欲为了。遗憾的是他忘了自己不是皇帝。

{ 贪婪的心见到诱惑就如同苍蝇见到了血。}

但是,忘记了自己的处境实际上是"资源有限,欲望无限"。

由此出现了个人安全问题,以至于到后来才追悔莫及。当一个人发现可以为所欲为的时候,就面临风险了。当一个人做事还感到有所约束的时候,他走在路上,是安全的。

{ 腐败是因为有细菌在温暖的环境中发酵所致。}

防止腐败有两个条件:一是有杀菌剂,二是环境不要太温暖。

最佳解决路径就是有杀菌剂,阳光心态就是杀菌剂。当反腐败越来越难时,抗腐蚀也许是有效的一条路,握有权力者有阳光心态,产生抗腐蚀的力量。

阳光心态是给心洗澡的水，洗干净了，也会再被污染的。因此要经常洗。

洗心的方式就是，抽出一定的时间坐在教室里，在讲师的诱导下反思自己。在教室里能够实现：

大医治未病，中医治有病，小医治大病。

> 跳出自己看自己、跳出行业看行业、站在圈外看圈内。
> 未雨绸缪胜过雪中送炭。
> 防患未然就不会临时抱佛脚。

> 魏王问名医扁鹊："你们家兄弟三人都精于医术，到底哪一位最好呢？"扁鹊说："长兄最好，中兄次之，我最差。"魏王问："那么为什么你最出名呢？"扁鹊说："我兄长治病是在病情发作之前。由于一般人不知道他事先能够铲除病因，所以他的名气无法传出去，只有我们家人才知道。我中兄治病是在病初之时，一般人以为他只能治轻微的病，所以他的名气只在本乡里传播。而我扁鹊治病，是在病情严重之时。一般人都看到我做经脉上穿针引线来放血、在皮肤上敷药等大手术，所以以为我的医术高明，名气因此响遍全国。"魏王说："你说得好极了。"

阳光心态实现无为而治，是把出现的问题扼杀在摇篮里，大医治未病。

阳光心态是定根水

当小苗刚刚栽到土地上时，要在根部浇些水，这些水保证小苗在新的土壤里迅速扎根,适应新的环境而存活和生长。

阳光心态的作用如同定根水,一个人刚刚来到新的环境,包括离开父母独立、刚上大学、参加工作、换个工作、岗位调整、晋升晋级等,都意味着这个人要在新的环境下生存,都要有阳光心态,因为心态影响人在组织中的行为。以阳光心态调整自己的状态,在新环境下扎根,适应新环境的生存和发展。

阳光心态是润滑油

机器由零部件组成,零件组成部件。零部件有相对运动,就会有摩擦,有摩擦就会有磨损,有磨损就会损坏零件。

有摩擦发生时,首先损坏的是零件,机器的主人会首先替换掉损坏的零件,保证机器继续运转。

如果往机器里面注入润滑油,则摩擦减少,保护零件,也保护了部件,也就保护了机器。

组织是一部机器,人是零件,部门是部件。人与人之间也有相对运动:晋升、奖金、沟通都属于相对运动,有运动就有摩擦。有摩擦就产生了内耗,受损的首先是个体,然后组织受损。

{
铁打的机器流水的零件。
铁打的营盘流水的兵。
铁打的企业流水的员工。
}

解决的路径就是组织为其成员注入阳光心态,如果成员具有阳光心态,则心胸开阔、心情爽朗、配合良好、创造良好的工作状态,就会减少钩心斗角、尔虞我诈、烦闷乏味。

阳光心态是胶水

以前说人是一盘散沙,自从引入竞争机制以后,人的群体就变成了摩擦的散沙。但是市场竞争需要的是团队,如何把摩擦的散沙变成沙团?

需要加入水泥、加入胶水。

阳光心态是胶水,能够增加团队成员之间的亲和力、凝聚力,进而获得团队。阳光心态营造感恩与合作的氛围,因为有了他和她,才有我。善待他们也就善待了我存在的平台和空间,他们构成了我生活和工作的一部分。

阳光心态是解毒剂

一旦发现了一个病毒,比如 SARS,医学界竭尽全力找到药物抵抗这个病毒。不良情绪一旦生成,就是病毒,一直在传染着,而且可能还符合"蝴蝶效应"。亚马逊河流域一只蝴蝶扇动了一下翅膀,一周以后在美国形成了一场暴风雨。

今天你不快乐,可能是几天以前非洲的一个人被一头驴踢了一脚,不良情绪通过链条传递给你了。你会再继续往下传,由此也会形成蝴蝶效应。

如果你有阳光心态,不良情绪这个病毒传到你这里就消失了,就不会形成继续传播的链条。阳光是消毒剂,也是消毒水,可以消除心中和心与心之间的毒素,可以消除不良情绪。

情绪在阳光下晾晒,就没有了潮湿与发霉。

阳光心态是沟通路径的清道夫

一个组织出现问题,都可以诊断为沟通问题。所以提出沟通无极限。然后就培训沟通,让员工学会向上、向下、向左右、正向、斜向、网络沟通,增加沟通的工具:会议、小组、电话、传真、电子邮件、短信、文件。这些属于西医的疗法,头痛医头脚痛医脚。结果还是缺少沟通,今天的人都如同一口井,孤独而深刻。

沟通有问题实质是心态问题。

如果心态不良,不想沟通,则近在咫尺也是海角天涯,即使面对面也互相不说话。

中国移动的广告词形象语句是"沟通从心开始"。

心通则山通、桥通、水通、路通、沟也会通。一首歌说:小妹要去看阿哥,不怕山高路不平。阳光心态是沟通路径的清道夫,可以扫除沟通渠道上存在的各种障碍,在心与心之间架起桥梁,让心不再孤独冷漠,实现无障碍沟通。

阳光心态是常态

心是所有能量的发源地。太阳永远发出炽热的光芒。但是太阳本身并不感到自己是热的,因为热是太阳的常态,她自己可能感到的是温和平静,更可能像月亮一样清净如水。一个养成阳光心态行为的人,外表给人热情活力,他自己并没有在故意调动情绪,因为这个状态是他的常态。一旦养成习惯后,就不是故意装样子了,而是自然而然的事情。就如同习惯动作,自然发生。所以阳光心态是常态,不是激情。

通往阳光心态的路永无止境,你永远都不能达到终点,就如同事物没有完美、人没有完人。

有阳光心态的人平和、温暖、有力、向上。不会自己张扬地告诉别人"我很阳光"。如果别人赞扬自己阳光,自己还要学会谦虚。成功人士的阳光心态是:学会谦卑,去掉狂妄。

> 阳光心态是积极而自己没有感觉。

阳光心态训练的目标是:养成阳光心态的习惯。

阳光心态是心理资本

当人们拼命捞取各类资本的时候,西方学者提出了"心理资本"的概念。心理资本的概念由路桑斯等提出,心理资本是个体在成长和发展过程中表现出来的一种积极心理状态,有如下表征:①信心,也叫自我效能,勇于面对挑战并积极努力。②乐观,对现在和未来保持积极。③希望,对目标锲而不舍,与时俱进选择路径。④韧性,有足够的逆境商,保持足够的弹性。

阳光心态包含心理资本的四个要素。有信心就是心态有力,乐观就是温暖,希望就是心态具有向上的力量,韧性就是平和,不大喜过望也不大悲过度。

心理学承担三项使命,一是治疗精神疾病,二是帮助健康人变得更幸福和更多产,三是开发人的潜能。

第二次世界大战以后心理学的重点工作是第一项,忽略了后两项。而且组织行为学和人力资源管理的一些基础性学科,如心理学、社会学,一直都是从负面导向的视角来研究问题,提出了一些负面导向的概念，如情绪劳动、压力、倦怠、冲突、疏离。这些概念会对负面起到增强性暗示的效果，进而推波助澜了负面情绪。

曾任美国心理学会主席的马丁·塞利格曼带领心理学家们分析了第二次世界大战后 50 多年的时间里针对心理治疗模式所取得的成就，发现虽然在寻找心理疾病和有效治疗的方法上取得了显著的成就，但是对健康个体的成长、培养和自我实现的关注却非常少。塞利格曼号召心理学研究应该拾起被遗忘的两项使命，帮助健康的人变得更幸福、多产和发挥潜能，关注一些更积极、更传统的组织行为学的构想，如自尊、强化、目标设置、积极情感、公民行为、授权、投入、参与。

心理资本的提出让我们把奋斗的目标进行 180 度的转向，过去向外寻求资本积累与扩张，现在让我们向内寻求资本的开发和积累。

心理资本也说出了阳光心态学说的目标，让我们向内求索，开发无尽的内在矿藏。阳光心态是心理资本在中国文化环境下的本土化，并且更适合中国人的具体历史和现实。

第十四个工具

人求三字：名、利、情

对物质层面的占有越重视（物质价值感越强），幸福感越低、生活满意度越低。结果就出现了这样的状况：物质丰富化，心灵沙漠化。所以人不应该只求名利部分，还要求第三个字：情。

阴阳平衡，五行协调

当人们的追求纯粹物质化以后，成功的标志就是物质财富的占有量，而人对物质的占有欲是无限的，因此永远不会对现有的占有量满意。学者的研究结果是：对物质层面的占有越重视（物质价值感越强），幸福感越低、生活满意度越低。结果就出现了这样的状况：物质丰富化，心灵沙漠化。所以人不应该只求名利部分，还要求第三个字：情。

为什么人要求三个字"名、利、情"呢？可以从以下方面来解释。

事业如船，心情如水。没有好心情就不愿意干事情，心态不好就干不好事情，甚至不干好事。不良心态是安全隐患，优良心态是竞争力，阳光心态是核心竞争力。

小事叫作事情，大事叫作事业。事业和事情没有质的区别，只有量的区别。炒菜自己吃叫作事情，给顾客吃叫作事业。自己投个篮球叫作玩，让全世界看的篮球比赛叫作体育事业。与一个人谈话叫作事情，让很多人听的讲话叫作事业。心情不好，吃喝玩乐都没有意思，等于没有水，事业之船就搁浅了。

如果心态不对，做事情就没有责任感。做什么不像什么。

先求好心情，再求名和利。带着好心情求名利，就会快乐在路上。快乐不在终点，因为永远没有终点。所有的结果都是中间状态，前一个阶段的结束是下一个阶段的开始，然后又周而复始。

自己求名利时不要破坏利益相关人的好心情，因为他们的水支撑着自己这条船。如果他们不给水，这条船也就搁浅了，土壤干涸也就没有了苗木。

天人合一。天有五行，人有五脏，人的五脏对应天的五行。人体70%由水构成，人老先从肾气衰开始，牙齿松动，头发脱落。从补肾开始，则水足，水足则滋养木，木旺则火强，火强则土沃，土沃则金丰。如此五行相生，生生不息。

有阳光心态，五行可以重新排列。原来是金、木、水、火、土，现在可以是水、木、火、土、金。以前是金在第一位，GDP崇拜，结果导致物质丰富化，心灵沙漠化。现在应该水在最前端，水也是最重要的。道家认为有无相生，从"有"的角度看人要多喝水，从"无"的角度看人要先营造好心情。

今天的人是欲望无限，资源有限。如果自己学会了平衡的思想，先水后金，以水求金，则五行相生而生生不息，沃野良田而苗木丰盛。

以上思想可以救人和救企业，甚至行业。但是前提条件是有关的人和企业家、领导者能够有机会接触到这样的思想。

山涧小溪静静流淌，你需要把脏的脚放进去才能够洗脚。如果你的心灵之门是封闭的，空气都不能进入你的心灵，水更不能。

阳光心态三层次目标

今天的人信仰缺失，但是信钱。钱能够使人快乐，有三个境界：第一个境界是挣到钱了快乐；第二个境界是花钱快乐；第三个境界是给别人钱快乐。

开始是赚钱，然后是花钱，后来是给钱。企业家最后走向慈善家。

所以努力赚钱时，要带着快乐去赚钱，因为赚多了最后都要捐出去。带着好心情去挣钱，快乐在路上。

罗丹说:"生活当中不缺少美,缺少的是发现美的眼睛。"眼睛是心灵之窗,心灵主宰眼睛,心如果看不到,眼睛就会视而不见。所以,生活当中不缺少美,缺少的是发现美的心。

有阳光心态,则心如聚宝盆。每个瞬间都是美好的:花开花谢、云卷云舒、春去春回、阴晴圆缺。

阳光心态有三个层次的目标:

- 最低目标:肉身不进监狱,精神不入苦海。
- 中层目标:获得优良心态;带着好心情去争,快乐在路上;自我平衡,使得心力成为适度张力的弓。
- 高层目标:与环境相适应的积极心态,平和、温暖、有力、向上。

像对待朋友一样对待家人

与朋友在一起心情是好的,因为朋友善于发现你的美,你也善于发现朋友的美,最主要的是朋友之间包容。但是回到家里就不容易高兴了,原因是对待家人的态度与对待朋友是不一样的。如果像对待朋友一样对待家人,家庭氛围就会其乐融融了。所以,学会像对待朋友一样对待家人,多观察家人的优点,给予家人更多的关照,减少对家人的索取和要求,增加对家人的客气和礼貌,讲话多用"谢谢"和"请",少用呵斥和粗语,少一些干预,多一些宽容。在家庭成员之间也要移情换位,而不是以我为中心。

有的男人达到一定年龄后会想:孩子是自己的好,老婆是别人的好。如果学会换位思考,别人也会看自己的老婆好。生活当中不缺少美，缺少的是发现美的眼睛。眼睛是心灵之窗。所以不缺少美，缺少的是发现美的心。婚前审美用眼睛，婚后审美用心，才能够发现：你家后院有钻石，如图11所示：

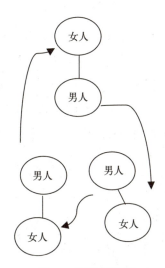

图11　后院有钻石

为什么现在的婚姻维护起来比较困难，我的分析如下：

婚前，两个人之间的物理距离比较大，经常用赏识的方式相互对待，而且对缺点很宽容：领带打不好是大气；皮鞋不擦是粗犷；语言粗俗是力量。两人之间的心理距离比较小，两颗心产生了吸引力。终于拉近物理距离结婚了。

距离产生美，神秘感可以强力吸引异性。难以捉摸的神秘光环让人好奇，容易吸引异性，当对方知道你的葫芦里卖的什么药时，神秘感下降。吸引力下降。所以哲人说：宁愿沉默让人看起来像个傻子，也不要一开口就证明自己。

婚后，二人的物理距离变小了，发现了对方的缺点。用放大镜看漂亮的脸蛋只有坑坑洼洼。由于审美疲劳，赏识和宽容变成了挑剔和苛刻，领带打不好是不修边幅，皮鞋不擦是邋遢，语言粗俗是缺乏教养。这导致心理距离变大，两颗心产生了排斥。由此带来家庭的一系列问题。

根据上面的分析，就可以找到挽救婚姻和家庭的办法：婚后保持一定的物理距离，也就是适度的客气，增加赏识和宽容。婚前审美用眼睛，婚后审美用心。

对于男人的建议：太太年轻时的漂亮脸蛋哪里去了？到孩子的脸蛋上去了。因为有和谐稳定的家庭，才有孩子阳光灿烂的笑脸和活泼可爱的童年。

第十五个工具

治理的终极状态——自治

阳光心态是给心洗澡的水,如果自己意识到洗心的重要性,就会经常用阳光心态反思自己,不用别人监督。没有阳光心态,监督别人的人也会腐败。

接近圣人而成为剩人

能够自己救自己的人是圣人。

拥有接近圣人思想的人才会成为剩下的人。

圣人 = 剩人

何谓圣人？

庄子在《逍遥游》中说，神人无功、至人无己、圣人无名。一个把自己看得太重、太高、太大的人就不是圣人。别把自己看得太重就不会失重，别把自己看得太高就不会失落。

圣人的标准有两个：一是有大智慧，二是有道。圣人之道由八个字构成：孝、悌、忠、信、礼、义、廉、耻。

大智慧就是人字的一撇，道就是人字的一捺。阳光心态就是把人造就成圣人的思想，拥有阳光心态的人接近圣人。

有大智慧就是有办法、有能力把事情做成，实现目标，有道就是遵从"孝、悌、忠、信、礼、义、廉、耻"，这是人心应该走的道，心术不正就是心不走正道。心不正则人与人关系没法缔结，社会没有办法运转。有智慧就是会走路，有道就是走在路上。人如果会走路但是不走在路上，就掉下去了。

火车的路是铁轨，铁轨限制了火车的运动范围，却能够保证火车安全驶向目的地。公路限制了汽车的活动范围，却能够保证汽车不翻车和陷入泥淖。航路限制了飞机的活动空间，却保证飞机不会迷失方向。规则规定了人的行为范围，限制了人的活动自由，却能够保证人

> 约束就是路。路能够保证走向远方，走在路上也就是接受了路的约束。在框架下自由，在压力下快乐。肩上有担子，心上无压力。
>
> 在舞台上跳舞，不能因为跳舞过度而掉下舞台。

不失去人身自由。价值观规定了人的思想活动范围，限制了人心的自由，却保证了一个人不会身败名裂。人有人道，人间正道是沧桑。

什么是孝？《论语》中讲了大量的孝，根据论语，我总结出八个字："无违、无病、能养、令色"。无违就是顺从；无病就是自己不要有病，父母不要有病；令色就是对待父母要和颜悦色，而做到了就是孝。能养就是能够赡养父母。年轻人跳楼自杀是不孝，当自己不能养自己时父母养你，当自己应该赡养父母时自杀了，这是最大的不孝。

擎天柱原理

地上有草，草上有天，天不塌落是因为有柱子支撑天，所以天的压力才不会压在草上。如果草感到有压力了，那是因为柱子腐烂不起作用了。只有修复柱子才不至于天塌和保护住草，如图12所示。阳光心态有助于修复支柱，撑起天地。

> 阳光心态，道德金刚，打造忠义，恢复纲常。

如何保护支柱？

两种办法，一种是柱子本身就是抗腐蚀的，例如不锈钢制成。一种办法是外部增加反腐蚀剂。当外部反腐蚀办法失效的时候，唯一的办法就是柱子本身是用抗腐蚀的材料制作的。

> 处于中流砥柱位置的人要有擎天柱的责任感。

重要的官员属于顶梁柱，社会上有影响力的人属于顶梁柱，他们的言行支撑着天，天就是社会秩序。

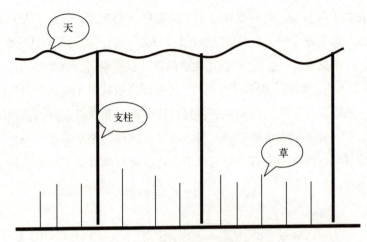

图 12　擎天柱原理

八个字"孝、悌、忠、信、礼、义、廉、耻",属于精神的顶梁柱,支撑着天,没有了这八个字,人的行为不会受到约束,没有了规则,人与人之间就没有了信任,也没有了共同语言,则人人生活在岌岌可危的状态,比喻成天塌了。每个人都应该有维护这八个字的责任感。

谁把高官拉下了马?可能有很多因素。但是关键的只有两种:一种是自己内在的欲望,一种是外部的力量。而外部的力量主要是领导者身边的人,远距离的人无法接近高官。可以说是高官的亲人和朋友把高官拉下了马。

因此,给在权力位置上高官的建议是牢记毛泽东的教导:"谁是我们的敌人,谁是我们的朋友,这个问题是革命的首要问题。"

无论是什么人,都具有普通人一样脆弱的意志。没有阳光心态,就会产生法律学上的"代理人问题",即代理人在根据原则做事时,难以克制为自己谋取私利的欲望。一个组织的最高领导者是维护诚实正直品格的守护神。

中流砥柱的人要有圣人的胸怀，才能够支撑组织的天而造福全体组织成员。庄子说："圣人无己"，远离自我，服务他人，这不是高调，而是必须。只有这样，组织成员才会把这个组织当作实现自我价值的平台，才会自动自发、尽心尽力。

阳光心态的作用就是把支柱变成抗腐蚀的材料，拒腐蚀，永不沾。

如果当坏人的好处很多，当好人的成本却很高，而且好人永远吃亏，坏人占便宜而且还自由自在，最后所有人都将成为坏人，这个人类世界将腐烂败坏到不适合人类生存。

经济学上有一条原理叫作劣币驱逐良币，这条原理广泛流行于人群中就会出现：坏人当道、好人受伤。伪劣食品大行其道，高质量食品难以生存。最终人类自己摧毁自己。

今天的人借钱不还钱的很多。他们有智慧，利用别人拥有中国传统优秀文化的心理特点借钱，或者是通过亲戚、朋友、上下级关系、熟人借钱，借钱的时候花言巧语，但是有钱的时候却不想还钱。有几个司机向我倾诉，如何要回朋友借的钱，温和地要人家不给，愤怒地索要又人财两空。

这类案例传播以后，社会的信任体系就会遭到破坏，社会公德在遭到侵蚀，擎天柱岌岌可危。人不敢张口借钱，也不敢借给别人钱了。《哈姆莱特》台词中说："不借给人钱也不借人钱，借出去人财两空，借进来忘记了勤俭。"

阳光心态能够修复社会公德。

阳光心态实现阳光工程

打造阳光工程需要经过阳光心态→阳光管理→阳光操作→阳光

工程四个阶段。这四个阶段的关系是：

阳光心态是思想基础，根本前提。

阳光管理是制度机制，重要保证。

阳光操作是运作行为，关键所在。

阳光工程是目标成果，共建共享。

它们是一个紧密联系、互为贯通的有机整体，缺一不可。

塑造阳光心态，增强防腐素质

落马贪官在认罪悔改时感悟到，强求名利的欲望滋长了敛财、好色的行为，直至腐化堕落被判刑入狱，多因贪污受贿，以权谋私，谋财为色，变为阶下囚。个别权力集中的地方官员"前腐后继"，许多"精英""能人"因贪财好色而身败名裂，坠入深渊。

阳光心态是给心洗澡的水，让人心增加透视能力，能够透过表象看到本质，透过诱惑看到恐惧，辨别饮鸩止渴的环境。

人有时在鼓里，有两种人能够救你出来。一个是击鼓的人，一个是破鼓的人。击鼓的人是你的贵人，破鼓的人是你的恩人。

心态能改变一生，决定命运。

推行阳光管理，坚持公开、公平、公正、透明原则

1. 阳光管理的内涵特征

"阳光是最好的消毒剂"，阳光管理能赶跑"暗箱操作"。这是现实中打造"阳光工程"的成功经验总结。阳光管理的内涵特征是：整个工程管理遵循公开、公平、公正、透明的原则。实行阳光管理，就可以让市场交易行为都在"阳光"下公开、透明地运行，接受各方的制约监督，达到公平、公正交易，铲除工程中可能滋生腐败现象的土壤和条件。

2. 阳光管理要贯穿工程的全过程

一个工程要经过立项、设计、招投标、施工、验收等阶段。阳光管理必须贯穿工程全过程的各个重要环节。把公开、公平、公正、透明的原则和制度程序融入到工程立项，设计方案，物资设备和施工、监理方的招投标，签约采购、施工、监理合同、施工组织实施、经费预算使用支付、质量技术验收、安全施工管理和廉政责任等重要事项和关键环节。不能留死角，不让违法乱纪有空间。

3. 阳光管理必须落实到位

目前，国家和各级党政机关对工程管理制定了明确的党纪法规，但不少工程的相关单位、部门为追求最大的经济利益，以个人对策应付上级政策。一些私欲作怪的人也想趁工程之机大捞一把，明着执行法规制度，暗地里权钱交易。

所以务必使阳光管理落实到位，防范、杜绝非法不正当交易，自觉抵制商业运作中非法的"潜规则"，严禁商业贿赂。应严明职权责任，严格落实法规制度，严肃奖惩追究规定。通过公开透明，相互制约的监督手段，封死可能发生腐败的渠道。

4. 有阳光心态才能够建设阳光工程

"阳光工程"是由阳光心态的人构筑的，而"豆腐渣"工程则是由不健康心态的人造成的。在创建"阳光工程"中，教育是基础，制度是保证，监督是关键。没有监督的权力必然导致腐败。贪官大都经历由小贪、中贪、大贪到巨贪的过程，贪官的堕落轨迹暴露出当前对权力监督制约机制的软弱无力。如果在贪官第一次伸手时，就"当头棒喝"或在严密的制度下及时发现，有针对性地做好"亡羊补牢"工作，也不至于贪官最终走上不归之路。我们痛定思痛，吸取教训，必须强化监督检查，整合专职监督部门和党内外监督的资源力量，把事后监督变为事前、事中、事后全程动态监督，建立一整套行之有效的监督机制，真正起到堵塞制度上和管理上的缺陷和漏洞，全面实行阳光管理和阳光操作，为杜绝腐败行为的发生锻造一道坚不可摧的防火墙。

阳光心态是给心洗澡的水，如果自己意识到洗心的重要性，就会经常用阳光心态反思自己，不用别人监督。没有阳光心态，监督别人的人也会腐败。

人们都喜欢权力与财富，但是如果取得的方式方法不仁，得到了也不会长久受用。人们都讨厌贫穷和低贱，但是如果脱离贫贱的方式方法不仁，很快就会回归贫贱。君子在任何时候都不违背仁，否则就会犯错误而导致颠沛流离。

自强不息、厚德载物中的物指的可以是权力、财富、荣誉，也指幸福。载指享受财富、具有财富。德不厚，有福不能享受。就如同庄子说："风厚载大翼，水厚载大舟。"鹰必须有足够的空间才能够高飞起来。水必须有足够的深度才能够浮起大船。土必须有足够的厚度才能够养育大树，所以"山上有棵小树，山下有棵大树"。

> 水厚载大舟，
> 风厚载大翼。
> 土厚载大树，
> 德厚载大物。

由此推出以下原理：

有阳光心态，带着好心情去争，可以永享天禄。

第十六个工具

读 无 字 书

有字书是理论，无字书是实践。实践之树常青，而理论总是灰色的。理论的源泉是实践，理论的发展依据是实践，理论的检验标准也是实践。会读无字书的人，能够依据实践提出理论并且再指导实践。

读无字书

把思想变成行动的能力叫作执行力,把别人的思想变成自己的思想的能力叫悟性。没有悟性则智慧不足,提高悟性也就增加了智慧,就能够灵活应变,因地制宜,随圆就方。悟性是执行力。

本书所谈的道理也许人在经历得多了以后都会知道,但是有些道理在年轻的时候懂了会受益终生,而到年老的时候才懂,则会抱憾终生。

早一步海阔天空,晚一步追悔莫及。

这个世界上正在知识爆炸,形成知识海洋。如果没有防御能力就可能被炸伤,不会游泳就可能被淹死。在爆炸的知识面前人人自危。

> 不缺知识缺机会,不缺智慧缺悟性,不缺教育缺教化,不缺教师缺圣人。

天职生覆,地职形载,圣职教化。

教师传播知识,圣人从事教化。教师教人做事,圣人教人做人。教师是一种职业,同其他职业和就业岗位一样。但是圣人是荣誉、使命、责任、天职。从事教育的人是教师,从事教化的人是圣人。今天教育出来的人会做事,但是不太会做人。今天社会道德水准的下降,与缺少圣人的教化有关。

教师如果能够教化,则要求教师接近圣人。拥有阳光心态的人会接近圣人,有足够的自我约束力。这种约束力实际上也是来自外界,因为一个人做完了事情,一定会被外界知道或者看到,只是有时间的早晚而已。你在做,他在看;人在做,天在看。阳光心态把教师提升至接近圣人,这样教师既能教育又能教化。

康德说:"有两种东西令我们敬畏和赞叹:天空和内心的道德。"阳光心态让人保持一定的敬畏之心。

在这个世界上先有无字书后有有字书,有智慧的人通过读无字书写出了有字书,后人读有字书的目的是获取智慧去读无字书。如果读有字书的目的还是为了读有字书,这个人永远处于学生状态,并且永远落后于社会实践,还可能用昨天的知识指导今天的现实而出问题,甚至损失的是个人的自由、财富。

无字书就是实践,就是现实。

读有字书能力强的人考试能力强,读无字书能力强的人做事能力强。

{ 高分低能的人只会读有字书,不会读无字书。 }

有字书是理论,无字书是实践。实践之树常青,而理论总是灰色的。理论的源泉是实践,理论的发展依据是实践,理论的检验标准也是实践。会读无字书的人,能够依据实践提出理论并且再指导实践。

阳光心态开启人的智慧,让人有能力去读无字书。

在社会上流转的知识的用途也分两类,一类是把人变成工具和机器,一类是把已经成为工具和机器的人回归成人。教人做事的知识是把人变成机器的知识,教人做人的知识是把机器人和工具变成人的知识。

阳光心态是把人回归成人的知识。

《道德经》说:"为学日益,为道日损。损之又损,以至于无为。"为学是知识积累的过程,为道是提炼升华到具有哲学价值的过程,也就是把知识上升为智慧。智慧不同于知识,智慧具有原创性,是辨析判断与发明创造的能力。

认识世界上升的路径符合金字塔原理。人的知识积累从塔底开始，越积累越多，逐渐升华。升华到最高时就是一点了，就是具有一般指导意义的哲学。

宇宙大爆炸学说告诉我们：世界起源于一个点。

道家哲学告诉我们：万物起源于一。

杯子取水

两只杯子：一只大杯，一只小杯。小杯有水，滋润万物，浇灌大地。空了，靠近大杯取水，小杯要处下方，才能够接到水。如果小杯靠近大杯时高傲地蔑视大杯，姿态高高在上，则小杯就接不到水，它空空而来，空空而去。

大杯也会空，大杯取水只能靠近小杯。大杯此时也要处下方，否则也得不到水。

如果要求小杯往大杯子里倒水，这时小杯子也要处上方。

人脑如杯子，人脑里面的思想就如同杯子里的水。杯子有水滋润万物浇灌大地，人脑有思想则推动自己的行为成就事情。

读书的时间是思考的时间，听课的时间也是思考的时间。到教室里面要完成两种任务：一个是学，一个是思。企业家要在百忙之中拿出时间读书或者听课，要把自我思想更新和整理当作百忙中的一忙。

古代在国君旁边有一个东西叫作"宥坐器"。里面没有水的时候，是倾斜的。水装到一半的时候，是端正的。装满的时候，它就倾覆了。

这提示国君，自满的时候一定倾覆，骄傲一定倒台。

子路问孔子："老师，我们如何能够让人生完满而又不倾覆呢？"

孔子说：记住四句话：

聪明睿智,守之以愚——聪明要用愚来守;

功破天下,守之以让——功劳要用让来守;

勇力振世,守之以怯——勇敢要用怯来守;

富有四海,守之以谦——富有要用谦来守。

个人价值最大化不一定总要做加法,更可能自做减法。设想一下,自己做减法,去掉什么才会更幸福呢?比如去掉浮躁、焦虑、贪欲、嗔怪、争斗,则可以获得心灵的平静祥和。

分段自信

大树和小草谁更自信呢?当小草仰望大树的时候,大树是自信的。但是当狂风大作的时候,小草是自信的,大树是不自信的。当烈日炎炎的时候,大树是自信的,小草是不自信的。

自信是和环境有关系的。

当见到很高层领导的时候,普通百姓是自信的,层次不太高的领导是不太自信的。无欲则刚。

桌面和桌腿谁更自信呢?面向外部的时候,桌面是自信的。但是面向内部的时候,桌腿是自信的。桌面需要桌腿的支撑,桌腿需要桌面彰显,没有桌腿支撑则桌面变地面。处长就是桌腿,局长就是桌面。

处长向局长汇报工作就是在给局长以支撑,此时局长是大杯,但是是空杯。处长是小杯,但是满杯,要自信地"处上",此时局长要"处下"。汇报完以后,局长大杯已经装了几个小杯的水,可以"处上"向下倒水,处长此时要"处下"。

这叫作分段自信。

学会简单

当今有很多渊博而深刻的人,但是苦恼。为什么深刻而苦恼?他在挖井,而且把自己放到了井底之下。当阳光普照大地的时候,无法照进深井,所以他会因为阴暗潮湿而苦恼。发奖金嫌少,多发奖金也嫌比别人多出的太少。当官嫌小,当大官了嫌位置安排得不好。位置安排得好又会嫌安排得太晚了。

如果人因为深刻而苦恼,解决的路径有两条:

第一是自带光源,第二是到井上面来。

海底的动物要自带光源才能够存活,井下的矿工要自带光源才能够安全行走,夜间远行没有月光要自带手电。阳光心态让深刻的人自己解决光源的问题。

屋子黑了要点灯,心理黑暗要点亮心灯。

人如果总在做分析、比较和判断就会深刻,实际上事情不像想象的那样,既不那样美好也不那样糟糕。阳光心态让井下的人到井上面来,解决的路径就是尽最大努力后,对事情的状态不做太多的判断,关键的一条原理就是:是好是坏还不知道呢!

过度比较就是计较,就会产生攀比,就有了大、小、远、近,就有了你、我、亲、疏之分,就有了高、低、贵、贱之分。阳光心态认为:不要太过于有分别之心,有了你、我分别之心后,就会产生攀比之心。有了攀比之心后,就会有竞争,有了竞争就会有斗争,有了斗争后,升级为战争,就会导致人类的毁灭。

有少量的钱为自己,有适量的钱养家人,有足够多的钱养家族亲戚。富可敌国,就要承担更多的责任。

但是,竞争是不可避免的,我们要努力做到,带着好心情去争。

第十七个工具

快乐在路上

如果拥有阳光心态,带着好心情去争,去奋斗,把成功当作路径,那么就会快乐在路上。

路径通向目标

哲学家亚里士多德说："生命的本质在于追求快乐。"人生存在的目的是快乐、成功，也就是名利的获得，是通往快乐的路径。但是很多人却把名利当作目标，用痛苦做路径，"书山有路勤为径，学海无涯苦作舟"。苦苦地奋斗，由于对名利的追求是无止境的，欲壑难填，目标是移动的，所以几乎永远也达不到目标，因此永远痛苦在路上。如果拥有阳光心态，带着好心情去争，去奋斗，把成功当作路径，那么就会快乐在路上，而不在终点，况且没有终点。就会以锦上添花的姿态存在，没有达到目标是好的，达到了目标会更好，而且名利多点少点没关系、大点小点没关系、高点低点没关系、早点晚点没关系。

我们等不及排队、等不及红灯、等不及财富慢慢积累、等不及婴儿长大。整个中国处于兴奋、焦躁不安的情绪之中。西方已经工业化，中国正为此目标而加速。效率和速度把人异化成了机器上的零件而迷失自我。

马克思主义者认为：判断一个社会是不是社会主义的标准，不是根据社会生产力的水平和生产关系，而是人性的标准。

把心率放慢些，让脚步走得更从容、更稳，多一点精神追求，多培养对精神价值的认可。在寂静的精神世界里，每天都进行着生命最大的战斗。若能赢得这些战斗，平息内在的冲突，就能了解人生的意义，得到内心的安宁。

{ 我们现在的任务是找回失去的人性。}

对速度的追求不能无止境，要用新的价值体系修正我们对财富的感受。我们不一定非要建设世界最宏大的工程，而安全的工程更重要。不一定非要举办无与伦比的重要活动，只要能够展现我们的特点就行。整个民族都应该学会减压，舆论应该少鼓吹成功者。父母告诉孩子：做一个成功者幸福，做一个普通的好人同样幸福。不管是哪个社会，绝大部分人都是普通人，让每个普通人都能够找到自己的位置，享受到自己的快乐，才是一个和谐的社会。社会的发展，国家的建设，并没有一个倒计时。欲速则不达，量力而行，抑制快速的冲动是必须的。因为我们的目标是要走远，因此要学会快乐在路上。

例如，恋爱中的年轻人是快乐的，指望这个快乐能够天长地久。然后迎来人生四大喜之一的洞房花烛夜，结果蜜月还没有过完就吵架了。

可能恋爱中的年轻人会说："那我们不结婚了，一直恋爱下去，快乐在路上。"

解决的路径：

把前一个阶段的结果，当作下一个阶段的开始。所有的结果都是中间状态，前一个阶段结束了，下一个阶段开始了。

婚姻关系分四段：谈恋爱靠的是激情，初婚孕育的是爱情，有了孩子积累的是亲情，孩子大了离开家，剩下两人享受的是温情。

> 人生看淡了，不过是无常，世间万物没有永恒。事业看透了，不过是取舍，获取给予都是事业。爱情看穿了，不过是聚散，相益者亲，相损者疏。

如果人期望结婚会把激情推向更高，必然是失落和失望。然后才有现在人的悲哀：婚姻是爱情的坟墓。

有了阳光心态，才会把爱情的短篇故事写成长篇小说，结婚是激情的坟墓，却开始了爱情培育期。有了孩子，爱情就推进到亲情的彼此关照期了。

因此，活在当下，快乐在路上，不要烦恼地走向目标，因为没有终点。

内在平衡

压死骆驼的不是千斤重担而是最后一根稻草，救人一命的往往不是千钧之力而是一根稻草。

虽然人在一生中学过太多结构化、系统化的知识，但是关键时刻可以使用的只是一点。因此这个世界，人在关键时刻缺少的不是别的东西，而是稻草。

阳光心态是稻草，能够让人学会自我平衡。

要在知足中知不足，老子说："祸莫大于不知足，咎莫大于欲得。"带着好心情去争，既能持续奋斗，还能够做到知足、节制、感恩、惜福、避祸。

一种知识告诉我们"争"，竞争不同情弱者，市场不同情眼泪。却还有另外一种知识告诉我们不争，老子说："夫唯不争，故天下莫能与之争。"我们到底争还是不争？

一种思想告诉我们"追求卓越，追求完美，标杆式管理，追求第一"。却还有另外的知识告诉我们中庸——不过也无不及。我们到底是追求卓越还是追求中庸？

我们落后了被人欺辱，我们进步了被别人嫉妒。我们怎样才能够让别人满意？

当这些矛盾的知识占据了我们的头脑，塞满了我们的心灵的时候，如果我们没有足够的智慧理顺这些矛盾，真的很痛苦。

这就是价值观多元化时代的代价：迷惑。"少则得，多则惑"。

今天我们有了知识,我们拥有了关于宇宙、世界、人类、社会、阶层的很多知识,知道了权力和富人的生活方式,特别是还有些人炫富,媒体的推波助澜使我们想拥有这样的生活方式,却不可能达到。通过自己的努力不知漫漫长路何时休,又不可能去抢夺,由此我们痛苦。

老子和孔子都有让百姓"不知道"的智慧。但是今天我们百姓知道了,解脱痛苦的路径是让自己学会"不知道",而且学会对自己的现状满意和感恩,带着好心情去争,快乐在路上。孔子说:"知可及,愚不可及。"学会聪明容易,学会糊涂不容易。郑板桥说:"难得糊涂。"

> 有一读者来信说:女儿今年参加中考,压力大。我的压力也大,也烦躁,这种烦躁传递给了女儿,女儿反而安慰我不要担心。后来看了《阳光心态》,调整目标,只要有学上就行。女儿压力小了,我也不唠叨了,中考她超常发挥,考了531分。汶川地震后我又把书看了一遍,更深刻地理解了活着真好。现在书就放在枕边,不开心时就翻翻,然后美美地睡一觉,迎着朝阳就上班了,后来还把书推荐给了亲人和朋友。今天听了您的诠释,觉得您从事的职业很伟大,给人间带来了快乐。您一定很辛苦,辛苦您一个,幸福千万人。值!愿您的思想精髓能传得更多更远。
>
> { 莫管别人如何享受炫耀,心有定力波澜不惊,内心强大幸福绵长。 }

烦恼来自比较,比较也可以不产生烦恼,把目标放低,开心去努力,带着好心情去争,就会快乐在路上。如果一路平安快乐下去,就是最好的实现梦想。

精彩的 U 形人生

人在不同年龄段的行为不同。老年人很少与人争执,而且会用更好的办法解决冲突。他们能够更好地控制情绪和接受不幸,火气也没有那么大。因为老年人更清楚什么对于自己是最重要的,能够更好地活在当下。

生命并不总是艳阳高照,而是一条 U 形曲线。

虽然在变老的过程中,我们失去了珍贵的东西——青春的活力、敏捷的才思、年轻的容颜,但也收获了更珍贵的东西:幸福。

常规经济学对生活质量的衡量指标是金钱,用金钱作为富足的代名词,但是也有经济学家不相信金钱和幸福有直接的关系,直接用幸福感本身来衡量幸福。

可以用两个问题来衡量对生活状况的评估、对某个时段的感受。

第一个问题是:从总体上看,你认为自己的人生怎么样?

第二个问题是:昨天你开心、满意、生气、焦虑吗?

第一个问题衡量安居乐业的情况,第二个问题衡量精神面貌和心理满足度。

情商高、外向型的人容易获得快乐,热衷于团队工作和聚会的人,比白天把自己关在办公室里、晚上宅在家里的人更快乐。

U 形人生认为,人的安居乐业情况、精神面貌和心理满意感,都随着年龄的变化成 U 字形状。学者研究的结果是:

乌克兰人的人生谷底在 62 岁;瑞士人的人生谷底在 35 岁;大

多数国家在 35～50 岁；而全世界平均在 46 岁。

在 U 形曲线的顶点两端，人会感到快乐和满足。

幸福感有利于人的开心和健康，好心情有利于疾病的康复、增强免疫力。

快乐的人高产。

阳光心态助人享受精彩的 U 形人生。

{ 快乐是能力。 }

圆满画圈

观察树叶的一生循环：发芽、绿色小叶、绿色大叶、绿叶出黄点、全部变黄、叶子变微红、变紫红、变成棕色、干枯、腐烂。人的一生也是这样，原来这是自然规律。

我们可以把人的一生用一个圆圈来比喻，如图 13 所示。

道家说："道生一，一生二，二生三，三生万物。"

我们都来自于一个点，这个点叫作无极，然后我们变成了小孩，再上初中、高中、大学，然后工作、退休，再老点变成老小孩，然后再回归到原点。

无论任何人，也脱离不了这个圈。

小孩阶段的人是真人，无差别心，没有比较之心，没有贪、嗔、痴。这颗心是天真烂漫的，热爱世间的一切。认为邻居家的饭也可以去吃，到了超市会要各类东西，他没有产权的概念。真人是快乐的，他是人之初，初之人，虽然孩子是父母所生，父母仍然要向初之人学习如何获得快乐。小孩很快会同小孩交朋友，小孩善于忘记烦恼，也会立刻从苦恼中解脱出来。他会好奇地翻抽屉，父母要保护他的好奇心和探索精神。

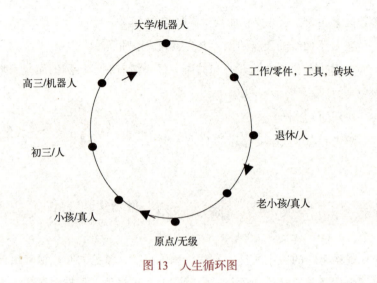

图 13　人生循环图

初三之前的小孩是人,可以基本按照自己的兴趣享受人的生活,有业余爱好,可以玩。这个时候的兴趣爱好是一生享受生活、排解压力的基础。

这个时候要培养孩子的业余爱好,琴、棋、书、画等,因为上了高中就不再有业余时间属于孩子了。

高三阶段和大学阶段的人都类似于机器人,有明确的学习目标和考试标准,基本不能按照自己的兴趣培养业余爱好。但是可以维持过去的兴趣。

参加工作的人是零件和工具。企业是机器,员工是零件。由于竞争的残酷和考核的严格,生活和事业的压力同时袭来,而过去的业余爱好则可以帮助自己解压,调节生活感受,可以让心上的压力和情绪的疲劳随着音乐的流淌而消失。

退休的人又回归了人,可以享受人的快乐生活。以前是干,现在是看和享受。

再老一点的人变成了老小孩,老顽童,回归真人。老顽童的心和孩子的心是最接近的,所以要让老人和孩子经常在一起。如果建立养老院,可以同幼儿园做邻居,而且还可以让孩子定期去看望老人,可以想象一下,会有什么样的情景发生呢?

如果看明白了这个循环,就会活在当下,不对过去后悔,也不对未来忧虑,也不会对现在抱怨,每个阶段都会过得很饱满,获得丰富多彩的人生。

我们用物质文明创造了很好的物质环境供肉身享受,我们要用精神文明创造良好的心境供心灵徜徉。

自从有人炮制出来了"1+1=?"的问题后,就很少有人敢于说出"1+1=2"的简单答案,结果我们越来越复杂,害怕简单,把简单等同于幼稚。我们应该学学孩子,他们幼稚简单,透彻干净,让人羡慕。学学安详的老人,他们拿得起放得下,他们行动迟缓,生活单调,但是内心安静如湖水,胸怀宽容博大,处变不惊,大道至简。

幸福与环境的关系不大,环境相对优越的人不一定就幸福,历经磨难的人却享受着快乐。幸福的秘密在于常怀感恩之心,不幸使人抱怨,抱怨失去幸福。

幸福来自激情投入,对事情充满激情,会获得幸福感。孩子是幸福的,因为他在玩的时候全身心投入。有建树的研究人员是幸福的,因为他在研究的时候是全身心投入的。有坚定信仰的人是幸福的,因

> 树叶没有因为要衰老而不生长,每个阶段都尽情表现其自然状态。
> 简单生活,快乐来自简单。
> 如果生活和工作很复杂,那就在内心把他们变得简单。
> 只要心中还有阳光,前途一定会灿烂。
> 人的肉身存在于环境里,人的心灵存在于心境里。

为他们有丰富的精神生活。

{ 知者不惑、仁者不忧、勇者不惧。 }

不论在何种条件下,选择积极进取的态度,就能够获得幸福。选择消极的态度,就会陷入痛苦。能否幸福,在于选择态度。

获得阳光心态

阳光心态的状态

阳光心态有三个层次的定义。第一层次是直觉的定义；第二层次是学术型的；第三层次是应用型的。

第一层次定义：直觉的定义。

"阳光心态"四个字会引发人的直觉想象。阳光心态四个字引发自己产生联想的画面是什么？它们是什么，什么就是自己此时需要的积极状态，它表示此时自己潜意识的最大需求。例如可能有如下画面出现：阳光沙滩比基尼、开满野花的山坡、勃勃生机的草原、孩子的欢乐、老人的健康、打针的时候不怕打针。

黑龙江的一个学员要做手术，而这个手术是在看完《阳光心态》后，临进手术室之前，这个学员镇静地看《阳光心态》。大夫对她感到不解，一般人进手术室之前早就吓得魂飞魄散了，对她的从容十分欣赏，这种状态有利于手术的顺利进行。

第二层次定义：学术型的定义。

阳光心态是与环境相适应的积极心态。

可以把人所处的环境分成三类：顺境、逆境、平常。太顺的时候，要学会低调，有福不要享满。逆境时不被摧毁，到了谷底就要反弹了，学会承受，调高自己的心力。乐极生悲，否极泰来。平常时要稳，平平淡淡是真。这样把自己的心力调整成一个适度张力的弓形，有形才有势。达到《诗经》中的境界："乐而不淫，哀而不伤。"也就达到了情绪管理的中庸——不过也无不及。

第三层次定义：应用型定义。

阳光心态的状态是：平和、温暖、有力、向上。平和就是不偏激，不走极端，不大喜过望也不大悲过度。人喜欢靠近温暖的人，一个人过冷和过热都会伤人，过冷让人恐惧，过热让人受压。一颗有力的心既可以支撑自己也可以支撑别人。生命的本质是成长的，是向上的，阳光给予万物生命，为万物提供能量，万物生长靠太阳。

有三条路径达到这个状态。第一条路径：心智模式塑造，学会知足、感恩、达观。第二条路径：成功学原理＋阿Q精神。第三条路径：入世＋老庄。

1. 知足＋感恩＋达观＝阳光心态

知足常乐，常知足常乐，常常知足常常乐。当抱怨自己因为没有什么而苦恼的时候，想想自己现在有什么，就会发现自己有许多别人还没有的东西。感恩自己现在拥有的，以感恩的心态对待万物，包括自己，就会达到阳光心态的状态。

2. 成功学原理＋阿Q精神＝阳光心态

成功学就是努力进取，阿Q精神就是满意现状，学会妥协。这个定义就是让我们学会在满意现状的基础上努力进取向上，解决这个矛盾就可以达到阳光心态。

成功学是一种令人上火的药。阳光心态是一种令人泻火的药，是牛黄解毒片，让人获得清新、轻松、清爽。

努力向上和变革自己，当已经尽力后仍然没有达到最高目标，达到次高目标也是可以的。

阳光心态中的阿Q精神不完全是鲁迅笔下的阿Q，区别是：①原则问题的处理不同。阳光心态不是逆来顺受，心态是你自己的。心态好不意味着对原则问题让步，心态只是在处理问题时自己的心理状态。②不是不正视问题的存在。对于存在的问题，我们还是要正视，不要对问题抱任何幻想。保持阳光心态可以培养对待问题的态度。

可以用以下几条原理继续解释：

- 不能改变环境就适应环境。
- 不能改变别人就改变自己。
- 不能改变事情就改变对事情的态度。
- 不能被别人的语言伤害。

第一，不能改变环境就适应环境。

> 有一个印度人练习搬山术，苦练了若干年，发功准备搬山，发了半天功，发现山没动。他向师父抱怨，搬不动山。师父对他说，山搬不过来你到山那边去不就行了吗？

第二，不能改变别人就改变自己。有人甚至想改变80岁老人的习惯，80岁的老人已经养成了绝对的习惯，不可能被改变。家里如果有老人，你只有适应他，而不能改变他。一个女士由姥姥带大，她结婚后把姥姥接到家里，决心尽孝道，不让老太太干一点活儿。老太太买菜回来，她故意说菜不好，把菜扔了；老太太扫地，她假装说扫得不干净，自己要重扫一遍。老太太干了一辈子家务了，一定要干，外孙女就是不让干，两人矛盾激化，天天吵架。女士的先生听了阳光心态原理后，非常高兴，说这堂课好像就是为我家设计的，马上打电话让太太改变。家庭和谐很重要。有人这样判断，一个成年人有60%的精力在孩子身上，30%的精力在处理家庭关系上，只有10%的精力用在工作上。家庭和谐，工作自然舒心了。

一个中国银行的员工提这样的问题：我从别的银行来到这个银行，由于在别的银行养成了一个工作习惯，不适应这里，比较消沉，如何处理？

对这个问题的回答是：一个人同一个组织的关系有三种：改变

组织适应自己,改变自己适应组织,离开这个组织。我问他:改变这个组织适应你是否可以?他说不可能,自己位置太低。离开这个组织是否愿意?他说不愿意,很喜欢这个品牌和工资。那我说只有一条路,你自己看着办吧,只有改变自己适应这个组织。

第三,不能改变事情就改变对事情的态度。事情没好坏、事情没对错、事情没大小。改变了态度事情就变了。

当我出差乘飞机的时候,发现飞机晚点,我开始是不开心,后来学会了操之在我,改变不了环境就改变自己,把等飞机的时间用来读书。再往后发现飞机经常晚点,也难免令我烦恼,烦恼一段时间终于醒悟了。如果一件事情经常发生就叫正常,偶然发生就叫侥幸或叫不正常,因此我重新定义了飞机的时间表。我把飞机晚点当作正常,把正点当作侥幸。我过去的心情是这样的,晚点烦恼,正点没感觉,现在增加了一个高兴。过去一看晚点就心情烦恼,一看正点心情正常,现在一看正点心情特高兴,一看晚点则正常,如图14所示。经常出差乘飞机的人必须用这种模式诱导自己,否则你很容易痛苦。

图14 对航班时间的态度

第四,不能被别人的语言伤害。

银行的柜员说,现在人们手里有钱了,来银行存款和取钱的人也多了。有时要等一个多小时,等到处理他的业务时,他就把火发在柜员身上，大骂柜员。柜员也委屈，已经忙得一塌糊涂了，恨不得脱掉工装，揍他一顿然后辞职。

如何处理这个问题？

大的概念是提升情绪管理能力，具体技术就是向医生学习，不能把病人的病接过来变成自己的，结果别人的病也没有治好。银行柜员不能把自己变成顾客愤怒的垃圾桶。如果你被别人的语言伤害了，是你自己的思考伤害了你自己。别人的语言只是一个声音，你把它翻译成了自己的愤怒。这个愤怒的顾客不是对你发怒，他对这个位置发怒，无论谁在这个位置他都要发怒，学会不要接火，微笑地为对方消火。

顾客是通过这个位置同这个银行发火，你只是这个银行连接客户的一个触点，是一个传感器而已。设想顾客是通过你与大行长发火，这样你就可以不把所有的烦恼都自己扛了。在可以发泄的会议上再把这些烦恼传递给上级。

3. 老庄 + 入世 = 阳光心态

入世就是争，老庄就是不争。解决这个矛盾就可以达到阳光心态。人追名逐利，得不到心情就不好，得到了心情虽然好但也只能好不长的时间。当我们追名逐利后很累，想"放下歇一歇"的时候，我们想到了老子、庄子的智慧。老子的智慧有不争，庄子的智慧有不要。但是完全学习老子、庄子的处世哲学在现实社会中是很难生存下去的。但是老庄哲学智慧却能够让我们获得平和的心态。以平和的心态去追名逐利，则会实现目标快乐，目标没有实现也不痛苦。

道家讲求避世而获得好心情，儒家讲求入世不计较心情。从这个视角可以把阳光心态学说定位在儒道之间。阳光心态倡导以避世的心态入世，以道家的心态做儒家、墨家、法家的事情，以不争的姿态去争，带着好心情去争。

阳光心态 = 法家 + 墨家 + 儒家 + 道家

诸子百家的核心智慧是追求和谐：佛家要实现内心和谐、道家要实现人与自然和谐、儒家和墨家要实现人与人之间的和谐、法家要实现个人同组织的和谐、兵家要实现集团与集团的和谐。

当人只是为名利而存在时，则人成为功利型的物质层面的人。如果人只是为心的宁静而存在，又是纯粹精神层面的人。过于向两端倾斜则都属于极端而背离了人的本性。阳光心态主张人求三字：名、利、情。求的顺序是先求好心情，再求名和利，因为名利的目的还是为了好心情。如果名利很重而精神空虚，那么由撇捺构成的"人"就会出问题。在求名利的过程中不能破坏重要利益相关的心情，否则它们将摧毁你。

我们在职场中求名利，职场就是名利场。年轻时我们用成功学激励自己奋斗，不计代价和心情。中年时再不计代价去争会导致有能力创造却没有命运去享受，也只是为别人做嫁衣。中年时代需要带着好心情去争，否则糟糕的心态会导致"出师未捷身先死"。老年时再无能力去争了，要学会放。青年时代做加法，中年时代做加法，老年时代做减法，直到归零，然后青烟直上云天。

阳光心态的作用有三个：

一是获得优良的心态。

二是带着好心情去争。这里的"争"字代表所有向上的行为状态，包括晋升、进步、成功、进取、实现目标、奋斗、追求卓越等。

三是自我平衡。人在三个状态下都需要自我平衡：高潮、低潮、平常。高潮时学会低调，低潮时学会振奋，平常时稳健。这种姿态的人可以高高山顶立，深深海底行。这是一把适度张力的弓，由于保持一定的形而产生适度的势，如果加大张力一定能够中靶。

老子的《道德经》有五个地方让人学习儿童、回归儿童，因为儿童是天人合一、身心合一的。

儿童是快乐的，因为他简单。老年人是快乐的，因为他回归简单。中间的我们如果痛苦，那是因为复杂，要想获得快乐就要学会简单。学会简单就要学会必要的糊涂，这靠近了郑板桥的智慧，难得糊涂。但是并不是真的糊涂，是有度地装糊涂，大智若愚。我们过去是糊涂的、不知道的，通过知识和经验的积累我们明白了、知道了。但是明白和知道以后的我们有三种状态：一是快乐了，二是平静了。这两种状态都值得祝贺。第三种状态是痛苦了，这需要解决，解决的路径有两条：一是学会必要的糊涂和不明白；二是拥有一颗童心，在中流砥柱阶段拥有童心，这颗心轻松、有活力、认真。

世界是简单的，人心是复杂的。天地有大美，于简单处得之；人生有大疲惫，在复杂处藏之。生活中有大情趣，一定是日子过得简单；生命有大愉悦，一定是心灵纯净到不复杂。人，一简单就快乐，但是快乐的人寥寥无几。一复杂就痛苦，而痛苦的人熙熙攘攘。活出简单不容易，活出复杂却简单。

人在小时候简单，长大了复杂。穷的时候简单，富的时候复杂。落魄的时候简单，得势的时候复杂。看自己简单，看别人复杂。

心态由诱导而生，改变了诱导路径就可以到达不同的心境。如果做到无所住而生其心，那就达到禅的境界了。我们能够做到的就是改变诱导的路径，使得自己心境保持良好的状态。

阳光心态者也会有不良心境的时候，过分追求心境的良好反而会产生压力，不知道自己的心境是较好的心境，此时心处于平衡状态。

阳光心态塑造的目的是：①延长积极情绪的时间，缩短消极情绪的时间。②降低不良情绪对自己的伤害。③不产生不良情绪。不生则不灭，生了才要灭，要灭掉生就需要付出能量。④降低不良情绪的力度，不要谷底挖坑。⑤减少产生不良情绪的次数。

以阳光心态面对万物，就不会产生不良情绪，也就保持了心的平衡。

阳光心态的一些概念讨论

当局者迷，旁观者清。局中人在局外人的诱导下站在局外看局内。

例如，因为火车晚点、误点、错过站，人晚上到达急于找到酒店。这时可能急躁、被骗上当。这时如果有冷静的旁观者指导，他会避免许多错误和麻烦，这些麻烦和错误在当时是认识不到的，而在事后会发现，当时怎么如此愚蠢。解决的路径有两个：一是如果有阅历丰富明白的高人，则尽可以请教指点；二是做最坏的打算，然后可以稳定心态，冷静地做各种方案。

当一个局中人心态迷茫、苦恼时，局外人可能会"一句话点醒梦中人"。当一个人处于情绪低谷时，类似于身体掉进了坑里，自己个人的能量可能难以跳出坑，需要借助外力的帮助。

在今天知识经济时代里，人因为学习而拥有知识，又因为拥有知识而明白了太多的道理。但是明白以后的我们有三种境界：①因为明白而快乐，这值得祝贺。②因为明白而平静，这也值得祝贺。③因为明白而苦恼，这需要解决。而阳光心态主要为第三类人出谋划策。

如果因为明白而苦恼，那是因为自己的思考导致自己进入了哲学状态。人的认识发展脉络是：由实践而经验、由经验而知识、由知识而科学、由科学而哲学、由哲学而宗教。如果自己因为知识经验很丰富进入哲学思考时，若不能解脱就会痛苦。

如果心理咨询想把人心深入、细致地搞明白，将是徒劳的，人永远难以预测下一个时刻的情绪。人心如宇宙一样深，人心细到不可思议，人心是不能搞明白的，甚至连自己都搞不明白，别人就更不可能搞明白。

解决的路径就是粗放、浅出和糊涂。

阳光心态的核心原理"是好是坏还不知道呢"，就是一条糊涂原理，靠近了郑板桥的智慧。他的"难得糊涂"说："聪明难，糊涂难，由聪明而转入糊涂更难。"

大家都说真理越辩越明，但是季羡林教授说："我的发现却相反，真理是越辩越糊涂。"

一副中国的名对联说：世上人法无定法只好以非法法也；天下事了还未了只好以不了了之。

人们都以为最后能够弄明白，却发现越弄越不明白。

难得糊涂类似于顺其自然，天人合一、身心合一就是顺其自然，自然是自己救自己的，圣人也是自己救自己的。当力不从心的时候解脱自己痛苦的路径就是信奉"佛度有缘人"。

- 阳光心态的基础应当是心态的阳光，一个人的受教育程度直接影响本人是否能够正确地对待问题。
- 个人的经验阅历是个人阳光心态的润滑剂。世事通达，方能阳光心态。
- 个人与他人的交往过程中，保持阳光心态的条件是：严于律己，宽以待人，不要对他人或外界事物抱太高的期望。

- 阳光心态是以积极进取为基础的,如果失去这点,就失去了阳光心态的出发点与立足点。
- 阳光心态并不代表一团和气,这不符合竞争发展的要求。最佳的阳光心态是在竞争与合作中保持心境平和。
- 把心境分成三种状态:不开心、平常、轻松。平常和轻松状态的心境就属于阳光心态了。
- 知足、感恩、达观、积极是阳光心态的最佳状态。

阳光心态经验

- 塑造阳光心态的前提是要有足够的自信,很难想象一个不自信的人如何去塑造阳光心态。
- 拥有切合实际的理想:人总要有理想,但理想要切合实际,过高不行,永远有达不到的不切实际的理想,就无法有阳光心态。
- 学会欣赏别人:每个人都有优点和缺点,在工作中与人接触时力争从积极的角度去欣赏别人,在潜移默化中拉近与陌生人的距离,在可能的条件下与人结交。
- 要找合适的机会发泄自己的情绪。
- 学会从工作中发现乐趣。任何工作,只要用心去体会,总会从中发现乐趣,找到成就感,使工作不再是一种负担,从而延长快乐的时间。
- 学会从小事中得到满足。学会调低自己的期望值,会经常得到满足和惊喜。
- 珍惜现在拥有的,不要等到失去了才知道珍贵。从现在发现和体会幸福，而不要等到过去了，在回忆中才意识到幸福。
- 善待他人等于善待自己。处理好同周围人的关系，会使人时刻感到生活在幸福和温暖中。

"是好是坏还不知道呢"如何使用

在极端情绪下使用，大喜过望会伤心，当有喜出望外的事情发生时，提醒自己"是好是坏还不知道呢"，可以让自己大喜不过度。当有过度痛苦的事情发生时，告诉自己"是好是坏还不知道呢"，可以让自己大悲不过度。在两种情绪极端的情况下不采取极端的行为。只要坚持一段时间，就会发现没有过不去的坎。时间是魔法师，会改变一切。会把错的变成对的；把美的变成丑的；可以颠倒黑白、翻转阴阳、乾坤倒转、改天换地。

有人打麻将连续输了三个小时，极其郁闷痛苦，突然时来运转，一把大和，捞回了所有的本钱还大有赚头，大喜过望，结果导致心脏病突发。

范进中举高兴过度，结果昏死过去。

有人因为失恋痛不欲生，但是没有采取极端的行为，坚持了一段时间后，发现还有更广阔的天地。

过去100年占统治地位的信条是GDP崇拜。现在经济学家也在反思，GDP崇拜是好是坏还不知道呢。

圣人之道是"孝、悌、忠、信、礼、义、廉、耻"。太窄的不是路而是线，太宽了不是路而是广场。宽窄过度了都不是路。因此走上圣人之路是有度的，保持合适的宽度，不

{ 志不可满，乐不可极。 }

过也无不及,也就是中庸。

当人有欲望产生,想离道、下道、背道而驰的时候,提醒自己"是好是坏还不知道呢",这会提高管理欲望的能力,收敛自己膨胀的欲望,让自己回归道上。在有限的资源和无限的欲望之间取得平衡。

当人有欲望产生,并且经过努力实现了,告诉自己"是好是坏还不知道呢",可以让自己保持平衡。如果事情经过努力没有实现,会产生挫折感,这时告诉自己"是好是坏还不知道呢",能够使得自己保持情感的平衡。

"是好是坏还不知道呢",只用来管理自己的情绪,不用来评价别人。因为组织有组织的价值观,有判断对错、轻重缓急和好坏的标准,别人又有别人的价值观。

提倡适可而止的消费,够了就行,知足常乐。凡事努力,但是不过于努力。什么叫作"过错",过头了就错。

当自己情绪产生波动时,用这个原理提醒自己,会使得情绪保持平衡。什么叫行动?行了就要动。

重复养成习惯

有人说看这本书的时候心情阳光,但是过一段时间又恢复了原来的状态。这可以通过不断地重复阳光心态的原理来建立一个习惯。

思想决定行动,行动决定习惯,习惯决定性格,性格决定命运。

为卓越缔造好习惯。成功是个习惯,失败也是个习惯,经常烦恼是个习惯,经常愉快也是个习惯。总能鸡蛋里挑骨头挑出烦恼的事情,总能在一堆烦恼的事情当中找到愉快的角度都是一种习惯。

习惯分两类：思维习惯和行为习惯。思维模式的转变是根本的转变。

有必要为了让自己幸福，为了让自己优秀，为了让自己愉快养成一个好习惯。如果有好习惯就要保留，不好的习惯淘汰它，怎么淘汰？新习惯替代老习惯需要外力，外力改变习惯，培训是个加外力的方式。两个外力加给自己：恐惧和诱惑。自己加力给自己叫自治，自治获得自由。

养成一个习惯获得一个性格，养成一个性格获得一个命运。

阳光心态是船

渡河需用舟，阳光心态是职场海洋中的船，可以载着自己乘风破浪。别把自己看得太重，我们对自己要有正确的评价，别跟自己较劲，别跟生活较劲，别跟工作对抗。这并不是消极的表现，相反，这是在正确评估自己能力和价值的前提下量力而行，不浮夸，脚踏实地，做好自己该做的事，要学会做随水流漂浮的树叶，而不是那根最终只能沉底的树枝。在逆境中奋进，在平境中稳定，在顺境中低调。"是好是坏还不知道呢"，让我们学会理智看待生活中遇到的每件事，不以物喜，不以己悲，以平常心对待。昨天已经过去，明天还未到来，唯有今天可以把握。活在当下，做好当下每件事，过程胜于结果。其实人生没有那么多为什么，怎么办。做好自己的事，剩下的事交给老天爷。阳光心态，得之我幸，失之我命。在我们的生活里，不是顺境就是逆境，不管是顺境还是逆境，都要保有一颗"如如不动"的心，如此这般就是"禅"了。

> 一个年轻人介绍过他工作转型的痛苦,以及他是如何克服并最终完成华丽转身的。他曾经在惠普公司,后来他来到了属于互联网行业的携程旅行网。起初这样的行业转变他并不以为意,因为在入职惠普前,他曾在运动品牌耐克公司工作。之前成功的经验大大地树立了他的自信心。他的口头禅就是"适应与柔性是一个职业经理人最应该具备的素质",而他自信地认为自己有足够的"适应与柔性"。然而事情总是会向戏剧化的方向发展。入职携程以后,他出现了极大的水土不服,甚至一度因为无法适应公司节奏而十分郁闷,进而有些自我否定。经过了无数个不眠夜后,他决定要彻底改变自己而融入这个新的团队。四十多岁的人开始和二十多岁的技术员混在一起,每天请他们吃饭,就是为了学习更多的互联网知识。果然,坚持了两个月后,他水土不服的症状渐渐减轻,以往自信的他又回来了。

这个小故事里,看上去是因为这个朋友的勤奋、上进帮助了他,实际上真正帮助他转型成功的是阳光心态。如果他不能抛弃以往的光环,真正积极地看待现在工作的现状,选择退一步,放低自己,重新学习,那么很可能等待他的就是职场的失败。正是由于他调整好了心态,才拥抱了未知。

禅说:"看山是山,看山不是山,看山还是山。"这句话十分贴切地写出了人生随阅历增长而对事物看法所发生的变化。从涉世之初对世界万物的直白认识,到对世间的问题、复杂与诱惑的认识,再到更立体的洞察万物,而其中最难的便是从"看山不是山到看山还是山"的境界转换。很多人在挫折中认识到世间万物的问题、复杂与诱惑后,要么愤慨,要么迷茫,要么堕落,最终都不能达到"看山还是山"的境界。造成这样问题的重要原因便是缺乏面对挫折的阳光心态。

> 杨力曾经在外企工作过7年时间，工作非常认真，很快就升级为了团队负责人。随着时间的流逝，他发现外面的世界慢慢发生了变化，而他们的工作技能实际在外面是没有什么竞争力的，只有在这个公司里才有用处，而且随着互联网的兴起，很多新兴的技术和业务不断出现，但是他却懒得去关注，只觉得目前的生活就是最好的。公司的福利、同事关系，一切看起来都很好。但是10年后，随着中国人工成本的急剧升高，以及互联网公司的崛起，外企在中国越来越失去原来的光环和竞争力了。该外企公司在2012年进行了大裁员，而杨力就是其中之一，他被抛向了社会。起初，由于以前缺乏和外面世界的接触，他处处碰壁，觉得很气馁。好在随着他不断地努力，适应了外面用人的要求和节奏，他在外企学会的做人、做事的规范方式，能够很好地运用到现有的公司中。他不断地充实自己，对于不同行业进行研究以及学习，不到三年，他已经在现在的公司连跳三级，工资也是当时刚离职时的四倍。

"温水煮青蛙"让人缺乏学习力而被淘汰，在艰难困苦中，他奋发学习适应新的规则，则是玉汝于成，过去的积累成就新的高度。所以不要怨天尤人，是好是坏还不知道呢！墨子说："官无常贵，民无终贱。"以阳光心态面对，是福是祸都要勇敢积极地面对，调整自己的飞行姿态适应新的环境，就是阳光心态。

人为什么会烦恼，多是由于处在得失之间，无法选择。选择了这条路，我们将无法选择别的路，人生的道路千万条，都是相互排斥的，也是不可重复的，也就是因为这样，我们总是觉得应该选一条最便捷、困难最少的、最容易走的路,以为这样,我们就可以顺利到达"成功"的顶峰,也就是以较少的付出得到最大的回报。可是,有这样的好事吗?所以无论我们怎么选择,哪条路走起来也不会像坐电梯那样轻松省力,要么道路长远,要耗很多的时间,要么道路崎岖布满荆棘,要么坡陡弯急费心耗力,所谓天下没有免费的午餐。我们经常发现自己多数时候都在后悔自己的选择,觉得上天不公平,自己的付出没有得到应有的回报。于是乎,我们开始烦恼。选择时不知前途而烦恼,劳作时因辛苦而烦恼,收获时因不满足而烦恼,因此我们无时无刻不在烦恼中。

生命是在过程中展开的,一切经历都是修行。看淡一点,用"别把自己看太重"的人生态度做出最不功利的选择。将来,无论我们"成功"或"失败",做了多么伟大的事业亦或是仅仅养了一个娃,我们都能坦然面对自己:我来过,我选择过,我见识过,我经历过,我幸福了。

树叶没有因为要衰老而不生长,因为它想着有一天会以最好的状态回归土壤,人没有因为必有一死而不去生活,因为努力可以让人达到生命中的最高点。每个人的生活和工作都一样,不管事情发展的顺不顺利都要努力争取,是好是坏还不知道呢,不管事情是积极的还是消极的,我们都不要过早地得出结论。不管何时、何地、何种处境都要拥有积极的阳光心态,这是一个人通向成功大门的捷径。

阳光心态提升职场适应力

小胡在职场上经历过两次小小的挫折。现在回过头来看,因为他心态的不同,最终的收获却是截然不同的。第一次是在外企工作2年多的时候,因为和领导之间的信任问题,他很愤慨地要求在内部做了一次岗位调动,离开了这个上司,换了个部门。第二次是从外企跳槽到了本土互联网公司。刚入职不到3个月,招聘他的领导便调离了原岗位。新领导上任后,因为本土企业与外企文化价值观上的差异以及一些小误会,小胡又遇到了一次他与顶头上司的信任危机。但这一次,他没有再逃避退缩,而是以积极的心态面对问题,把这次危机当成对自己的一种磨练。正是有了这样的心态,在面对这些问题的过程中,他逐步认识到了自己工作中的一些问题,也更能理解新领导的意图。最终,通过与新领导的不断交流磨合,他们之间的信任逐渐建立起来,他的工作也越来越得到认可。现在回过头来看,正是他当时直面问题的积极心态,才最终让他的认知和能力有了一个新的提升。

《中庸》说:"在下位,不获乎上,民不可得而治矣。"下级如果不获得上司的信任,不能同上司和谐相处,则不能领导好自己的下属,也不能获得上司的资源支持。故要把上司当作资源来管理和开发,要适应资源的特征来接近、适应、开发。拥有阳光心态,不论你在怎样的低谷,它不一定能改变事情的结果,但它都会给与你向上的动力。同一扇窗户,向上看是风景,向下看是泥土。把脸面向阳光,心情就不会被雨淋湿。不能改变环境就适应环境,不能改变事情就改变对事情的态度。

小黄就职于一家500强外企,8年的工作经验,让他从刚入职时的实习生,已经成为管理两个行业的市场销售经理。在

> 刚参加工作的前几年,他把自己的全部时间几乎都献给了公司,有时甚至周末的时候也会一个人去公司加班,心里想的就是如何将工作做到极致。一路走来还是比较顺利的,但是当他进入了公司的核心业务部门之后,却发现这里比之前工作岗位上接触的人和事都要复杂得多,很多时候做事做得好不如会做人管用。在他身上发生的最首要的问题在于,因为小黄是公司核心业务部门最年轻的从事市场销售工作的员工,所在的公司又是传统的制造业外企,所以公司高层领导安排了两个人来领导他。当然,大领导还是比较器重他,给了他很多锻炼的平台,但是他还是感觉到不是非常舒服。在一开始,针对那两个安排给他的领导产生了抵触的心理。首先,他们岁数都比较大。其次,他们的工作能力和对于市场的把握都很有限,小黄认为自己完全可以脱离他们另立门户,独立进行工作。但是鉴于所在公司的人事结构和大领导想维护一个和谐团队环境的原因,他可能在很长一段时间内都要在这种环境下艰难前行。

这个时候阳光心态会告诉他,新常态下的心态就是阳光心态。如果不能够改变现状,就要想办法调整自己,去思考如何在禁锢下做出成就,在框架下获得自由。要学会在轨道上行驶,在护栏内开车,在舞台上跳舞,在框架下自由,在禁锢下成就。

凡是对社会认识深刻的人,必须自带光源。人不是因为阳光心态所以不深刻,而正因为深刻才需要阳光心态。在深刻的人身上,自带光源有时就是救命稻草,生命之所倚。

现代人在工作、生活各方面都承担了很多压力,以至于阳光心态就变的非常重要。抱怨归抱怨,还是要学会适应当下。完成自己该完成的,你是小兵,最多就是一个主管。完成你不该完成的,你就是领导。

> 王葛在单位已经工作近8年。一般公认在同一单位工作7、8年的员工都会经历"七年之痒"。从工作能力上说,这个阶段的员工已经从职场小白成长为业务骨干,在某些领域专业水平甚至能够超越工作几十年的老员工。从资历上说,这个阶段的员工已经具备了从基层员工向初级管理者提升的资格。但从实际情况上来说,单位职位紧缺,排队的人一大堆,不少人已经排了好多年,而且从职业发展上来说,如果能顺利通过这个阶段并进入管理行列,未来提拔的空间会更大。如果一直这么排着,就算工作能力再强,也最多能进入到中级管理层便会由于年龄原因止步不前。因此,她和许多同龄同事都曾为此焦虑、苦恼,更有对少数幸运者的嫉妒,以及想要跳槽、换岗的浮躁。她如何应对?

阳光心态说:"别把自己看得太重""是好是坏还不知道呢"。

> 王葛也见到过提拔快但并不适应管理职位而做不好事情、处理不好关系的同事,对他们来说,提拔太快反而形成了进一步发展的阻碍。这样说来,人生中每一步、职场中每一天,无不是历练。人有历练才更成熟,有阳光心态才更平和,怀抱阳光过好每一天才更幸福,然后再加上一些运气,也许事业才能走得更远。即使止步不前,也要活在当下,活得开心快乐比活在焦虑、苦恼、嫉妒里,自然要强千万倍。

像太阳一样直面现实。在一个社会和公司,"显规则"和"潜规则"的文化都是客观存在的，选择无非三类：接受、忍耐、离开。如果选择离开，在别的地方就一定有解吗？如果选择忍受，要这么窝心地度日如年吗？为什么不去主动改变自己的认知，去改变自己的态度，用阳光心态对待现实，主动适应，去在环境中利用规则达到目标呢？

学会享受过程。当下环境，以成败论英雄，以结果论成败，以结果论人论事的导向非常强烈。虽然人是活在过程中的，个人既要有过程也要有结果，但是组织更看重结果。不妨换一个思路去看，我们短短的人生，在人类的历史长河中有多长，结果就一定是最重要的吗？今天追求的结果就是自己想要的吗？而在这个过程中的历练和积累，是不是对未来我们最想要的目标更有促进和积累呢？也许在过程中的我们是蒙在鼓里的，自以为是的目标却是子虚乌有的。从时间维度去看结果，也许过程反而是值得去享受的，过程也许就是生命的目标，所以要享受过程，活在当下。

世界是简单的，人心是复杂的。天地有大美，于简单处得。人生有大疲惫，在复杂处藏。生活中有大情趣，一定是日子过得简单。生命有大愉悦，一定是心灵纯净到不复杂。人，一简单就快乐，但是快乐的人寥寥无几。一复杂就痛苦，而痛苦的人数不胜数。活出简单不容易，活出复杂却不难。

孟子说："自暴者不可以有言，自弃者不可以有为。"只要你保持阳光心态，任何外来的不利因素都颠扑不破你对人生的追求和未来的向往。击败我们的不是别人，而是自己对自己失去了信心，用颓废、退缩、自暴自弃扑灭了心中那盏希望的灯。水声扮作琴声听，保持阳光心态，我们可以让生活化弊为利，让苦变甜，让单调变得丰富，让消极变得乐观。这是一种精神上的追求和期待，是一种心态的胜利和收获。阳光心态，是信念的发源地，是力量的源泉。阳光心态好似开启人生之路的探照灯，打开成功之门的金钥匙。《弟子规》中说："勿自暴，勿自弃，圣与贤，可驯致。"

生命价值公式：1 与 0

有一个著名的原理叫作，健康如 1，其他为 0。如果健康不在了，其他的都没有意义。实际上，人达到一定的年龄以后，严格体检都是病人，而且有病的人其实不少。一个 30 岁的副处长在课间告诉我："吴老师，我得了高血压了，医生说我会得高血压并发症、后遗症，而且会死得很难看。我咋办呀？"我说："你这个人不得高血压也得死，而且是必死无疑。你不一定死在高血压上，这个世界使一个人死的方式很多。如果飞行员心情不好，飞机会飞到哪里？如果司机心情不好，车会开到哪里去？如果轮船舵手的心情不好，轮船会开到哪里去？如果大雨后山体滑坡，山下的人会去哪里？更别说高速公路上的劣等驾驶员和有恐怖分子活动的地方了。"而且有病的人照样活，没病的人也不能总活。所以，由于体检发现身体出现问题的人，可以给他至少三条建议令其振奋：1：每个人都必死无疑。2：不一定死在这个病上。3：出发，把未来交给命运。

一个小企业主说："我非常害怕体检，就怕身体出毛病，因为我有企业。"我问他："你的企业很大吗？有乔布斯的大吗？乔布斯即便死了，他的企业也运行的不错啊！"别把自己看得太重，我们来到这个世界上，认真活一回就可以了。

人希望自己长寿，那是因为自己身体和精神状况都很好。只有很老的、身体状况又不好的人才有说话权。一个九十八岁的哲学教授说："别人都说真理越辩越明，我发现越辩越糊涂。别人都说越长寿越好，那是因为他没有长寿。我活到了九十八，活得都不好意思了，活得谁都不认识了，认识的人都死了，而我拖累了很多人，很多美好的事情都被破坏了，没有胃口，香的也不好吃，喝水也够不到，还要求别人。"所以，人太长寿了，是好是坏还不知道呢！阳光心态保护自己健康幸福地长寿。

现在把这个公式进一步分析，1 表示自由地存在，0 表示财富、权力、荣誉，还可以展开为自由自在、吃喝玩乐、鸟语花香、周游世界等。生活中不缺少 0，缺少的是发现。我们读书分两类：一类是保护 1 的，一类是增加 0 的。增加 0 的书籍让我们采取奥运会精神：更高、更快、更强。保护 1 的书籍采取如下的目标：平安度过、快快乐乐、安全退休、退休安全。

在更高、更快、更强目标的推动下，我们在发展和进步，努力超越，追求卓越，没有最好，只有更好。但是其负面效果是使我们变得浮躁，以致于外国人说我们是被成功学逼疯了的一群人，要想成功先发疯，头脑空空往前冲。在大家都在排队的时候，总是有人加塞，上飞机往前挤，怕上不去。下飞机往前挤，怕下不来。其实飞机上已经有你的位子了，你不上去飞机不会开动的。如果你担心行李没有地方放，但是行李不安顿好飞机是不会开走的。下飞机应该是前排的人先下，后面的人硬往前挤，是缺少文化素养和不懂规矩的表现。飞机会等待每个人都下来以后，再安排清洁工。浮躁的人即便在最应该放心的时候，也不会让心平安，不会轻松愉快地活在当下。孟子说："不以规矩，不能成方圆。"中国是大国、富国、强国、礼仪之国，我们应该有大国公民的心态，从容淡定。这也是给自己 1 后面增加 0 的路径。

一个人，无论在职场上位置有多高、权力有多大、名声有多响，都需要保证在自己平安的前提下获取，否则都是为他人做嫁衣。退休之前要平安,更要保证退休以后平安。终身问责制,要求我们必须对自己的1负责任,让自己的1终生自由地存在。所以人必须保证自己的头脑处于终生学习的状态。

学生期间,学校给我们树立了1,而我们在未来要加很多的0。关键是这个1如何树立,如何培养才能让未来的我们强大。1就是本,就是根,就是素质、人格、价值观、学习力、智慧,更主要的就是道德。有了这些,一个人才能有做人的根本,才会有人性,有内涵。就如习主席说:"德才兼备,以德为先。"这样的人,未来做成事一点也不难。

半步差原理

人往高处走,水往低处流。人不知道自己一生能够拥有多少财富、权力、荣誉,只是知道奋发努力,勇往直前,做个成功的人,而对于什么是成功以及成功以后的体验却没有认真深入的思考。

每年MBA班的入学率大概是三分之一,能够成为MBA班学生的人,应该是成功者了。我问他们:"你们有成功的感觉吗?"他们回答:"没有啊!教室里面坐在自己身边的不都是MBA吗?"每年博士生的录取比例大约是十分之一,我问博士生:"你们有成功的感觉吗?"博士生回答:"哪有啊!正在苦苦地干着呢。"在企业中,初级领导者感觉到自己还没有成功,中层领导者因上挤下压不敢说成功,高层领导者面临的是经营压力、对手的强大、顾客的挑剔、员工的抱怨,哪有心思认为自己是成功的呢?

员工被提升为初级经理,高兴三天,却发现开会时坐在身边的人都是初级经理,认为中级经理是成功者。当晋升为中层以后,高兴三天，开会时却发现身边的人都是中层，认为高层领导才是成功。到了塔尖上的最高领导者，却发现自己这个塔太小太矮，别的企业之塔远远比自己辉煌，也不敢说成功。

成功就是超越，超越就是于同辈中脱颖而出，脱颖而出就是比现在共事的人高明，高明就是走向下一个更高的目标，更高的目标永远不断地出现。因此成功是实现下一个目标，而下一个目标会不断地出现，所以成功永远在路上。并且塔尖上只能容纳很少的人，需要更强的警觉和竞争力才能够占据一席之地。即使强大到百兽之王的狮子，也不敢掉以轻心。

所以越成功者越谦虚，思想越深越寂寞，位置越高越孤独，知识越多越敏感，越敏感者越脆弱，越脆弱者越自我保护，越自我保护者越封闭，越封闭者越孤独。

人没有成功的感觉，只有事业的状态。就如同企业没有成功，只有存在，只要存在一百年不死，就是百年老字号。

人生如爬台阶，一步一个脚印走向更高。如同登泰山，需要一个台阶一个台阶的登，登上了一个台阶，又出现下一个台阶。下面的人觉得前面的人了不起，已经爬到了高于自己的地方，上面的人又羡慕更前面的人。泰山有顶，而人生之路没有顶。所以，给人送礼不能送鼎。每个奋发进取的人，都感到攀登的艰辛，以为前面的人在享受辉煌。实则不然，每个人都在自己的高度上平平淡淡。科长在科长的高度上平平淡淡，处长在处长的高度上平平淡淡，局长在局长的高度上平平淡淡。有人在千万水平上平平淡淡，有人在亿万水平上平平淡淡，世界百强首富在平平淡淡。山下的人在耕作，山上的人也在耕作。这就是《道德经》说的道法自然："长短相形，高下相倾，音声相和，前后相随。"在大自然里，无论高下前后，都是靓丽的风景。所以，人在每个阶段都有值得幸福的理由，也都有发展的目标。

当发现自己与下一个台阶差半步时，或者在这里等待上升，或者在这里等待退休，或者在这里维持。此时要用半步差原理调整自己的心境。每个升迁的人距离下一个台阶都差半步，永远没有头，因为成功是实现下一个目标。

明代人观察到了人心欲望发展的态势，作出了诗词《十不足》以警示世人：

> 终日奔忙只为饥，才得饮食又思衣。置下绫罗身上穿，抬头又嫌房屋低。
>
> 盖下高楼并大厦，床前却少美貌妻。娇妻美妾都娶下，又虑门前无马骑。
>
> 将钱买下高头马，马前马后少跟随。家人招下数十个，有钱没势被人欺。
>
> 一铨铨到知县位，又说官小势位卑。一攀攀到阁老位，每日思想到登基。
>
> 一日南面坐天下，又想神仙来下棋。洞宾与他把棋下，又问哪是上天梯。
>
> 上天梯子未做下，阎王发牌鬼来催。若非此人大限到，上到天梯还嫌低。

如果从正面描述这个人，此人志存高远，目光远大，追求卓越，勇争第一；如果从负面描述这个人，欲壑难填，人心不足蛇吞象；中性地描述这个人，人都是这样的，都是得陇望蜀，希望芝麻开花节节高，要更高、更快、更强。

阳光心态倡导的是快乐在路上，带着好心境存在。因为人的追求永远没有止境，所以要："不以物喜，不以己悲。""闲庭漫步，看花开花谢；去留无意，望云卷云舒。"我们在实现目标的时候，心里充满了成功后的喜悦，但是这种饱满的成功喜悦往往仅能维持几天，甚至几个小时。紧接着就是归于平淡，再后面就是迎接新的挑战，压力随之而来。就如同硬币，正面小反面也小，正面大反面也大。

花海原理

四川一个副总裁说："你们北京房价也太高了，我把绵阳的房子卖了三套，才给儿子在北京付了首付。"北京是个令人羡慕的地方，所以大家就都想去，都想去就产生了竞争，最有竞争力的人才能去。咱们可以向毛主席学习农村包围城市，最后夺取城市。在外围培养自己的竞争力，当具备实力的时候再进入核心地带。

花海令人羡慕。如果你变成一朵花，待在花海里，你在想什么？首先你要开放，而且是怒放。开放以后，为了要传花授粉留下后代，就要招蜂引蝶。为了招蜂引蝶，就要争奇斗艳。如果有别的花捷足先登，挡住了你，等到你挤出来，已经凋零。一辈子没有结籽。

令人羡慕的地方是竞争残酷的地方。如果羡慕哪里，说明哪里竞争残酷。如果感到竞争残酷，说明你待在了令人羡慕的地方。故心态如塔，越往上越小，高处不胜寒。《孝经》里说："战战兢兢、如履薄冰、如临深渊。居上不骄高而不危，所以常守贵也。制节谨度满而不溢，所以常守富也。"

保持阳光心态，直面竞争。竞争无处不在，我们没必要单挑竞争，但也没必要畏惧竞争。令人羡慕的地方就有竞争。在你羡慕同学、朋友就职名企、位高权重的时候，你可以和他们聊一聊他们面临的竞争和压力。为什么员工的离职率越来越高？当他们感到因为考核而竞争残酷的时候，就想去更令他们羡慕的公司，而令人羡慕的公司的骄人业绩，是在更严格的考核与残酷竞争状态下产生的。如果想在令人羡慕的公司享受舒服，则是水中花镜中月，如梦幻泡影。当梦想破灭后，他们又开始了新的跳槽，寻求新的成功机会。人们对于员工离职接受度越来越高。尤其是在互联网行业，员工的平均服务时长约2年（数据来源于网络）。新员工与企业的磨合期平均在半年到1年。这就意味着员工刚刚熟悉、适应企业，刚刚有稳定输出的时候就选择了离职。从员工角度看是一山望着一山高，希望快速找到适合自己的土壤。从企业角度看是外来的和尚会念经，希望尽快找到更出色的人才。企业寻求能够帮助企业成功的员工，员工寻求有助于自己成功的企业。这些都客观促进了人才流动。那些能力与组织相匹配的员工，如果能够平心静气地在现有的平台上稳定地产出，当积累足够的时候，也就是个人成功的时候。这时候荣誉、财富、权力都会归于自己。《中庸》说："博厚载物、高明覆物、悠久成物"。大地因为深厚和广大所以才能够承载万物，苍天因为高远和明亮所以才能够覆盖万物，大地和苍天因为悠久所以才能够成就万物。没有时间和精力的投入，不会有成就。

阳光心态与扛压

今天职场上的人普遍感到压力大。采取的应对办法主要是解压。白天职场压力大，晚上唱卡拉OK去解压，却发现自己唱得最差，产生压力。去饭店喝酒减轻唱卡拉OK产生的压力，却被别人逼着喝酒，产生压力。去旅游减轻酒桌上产生的压力，却被导游逼迫买东西，又产生新的压力。到处都是压力，想减轻已经是徒劳，只有学会适应，甚至扛压，而不是解压。

人为什么不耐压？主要是倡导解压的原因。本来能扛二百斤，解压以后扛一百斤。再继续解压，最后五十斤也还嫌重。过度关爱使人脆弱。

空管局中最重要的岗位是塔台调度，在电脑屏幕上的一个小点，就是一架飞机，里面就有数百条性命，稍加不慎就会出现巨大的、不可饶恕的错误，因此，塔台的指挥人员压力巨大。空管局领导努力提高他们的工资、请心理辅导、改善工作环境。但是还有人喊压力大，要求提升工资。提升工资并不能化解压力，并且由于工资远远高出其他同事而产生新的压力。所以，塔台指挥的出路有两条：一是从塔台上下来，转岗为别的工种。二是让自己的心理习惯于这样的状态，也就是适者生存。老的塔台指挥人员必须习惯于这样的状态，不能总是想解压。这是一种逃避，会因为无处可逃而产生新的压力，反而导致自己不适应这里的工作。

压力产生的公式是：外界要求 + 内心需求 - 个人能力 = 心理压力

根据这个公式，应对压力的策略是：降低外界的要求，降低内心的需求，提高个人能力。也就是两降一提。然而今天的现实是，外界的要求不断地在提高，自我内心的需求也不断地在提高，而自我能力提升的速度却跟不上要求和需求提升的速度。所以，压力提升的速度在上升，以至于职场上，人人都感到压力山大。虽然到处充满着以人为本的口号，实际上，是在用人来实现越来越高的组织目标，结果就是牺牲了人的幸福和健康，换取了没有时间和能力来消费的财富。

一个银行的行长向我请求："吴老师，你来给我们解压。"我问：

"你的压力来自哪里？"他说："来自上面的考核。""谁考核了上面的领导？"他说不清楚了。

如果是"考"，则是"考核"，员工还是可承受的。如果是"烤"，则是"烤鸡"，员工是难以承受的。是谁使得组织的考核越来越残酷？实际组织的考核压力主要有两个：一个是对手的扩张，一个是本组织的成长。根据牛顿定律，自己成长，会夺取对手的生存空间而产生作用力于对手，对手也产生反作用力于自己，这个反作用力就是自己受到的压力。如果自己安于现状而不成长，对手努力进取扩张，则争夺自己的生存空间，使得自己受到对手的压力。所以，在一个竞争的环境中，自己的成长力就是自己受到的压力，对手的成长力也是自己受到的压力。如果自己成长同时对手也成长，则压力将成倍地增加。此时两强相遇勇者胜，而不扛压者必然处于弱者地位而让位给扛压力强的一方。在前进的社会中是适者生存，在竞争的社会中是强者生存。因此，阳光心态倡导的不是解压，而是扛压、耐压，把压力下的生存当作新常态。学会在压力下快乐，肩上有担子，心上无压力。在框架下自由，在护栏内开车，在轨道上运行，在舞台上跳舞，在禁锢下成就。以阳光心态应对新常态，以心常态应对新常态，新常态下的心态是阳光心态。

阳光心态向太阳学习，不管乌云多么厚重，不会影响太阳光芒的最后胜出，不管黑夜多么凝重，都不能阻挡太阳的升起。太阳不会为了有人赞美而升起，也不会因为无人恭敬而落下。没有人考核和监督太阳，而太阳依然会自动发光发热，自动升起和落下。拥有阳光心态的人会成为自动发光发热的小太阳，以完成自己的本职工作为天命，以成就自己为最高动机。根据马斯洛需求层次理论，人的最高需求是自我价值实现，所以工作岗位是实现自我价值的平台，平台所赋予的任务就是天命。孔子说："不知命，无以为君子也。君子有三畏：畏天命、畏大人、畏圣人之言。"

我们要向毛主席学习阳光心态。在红军最艰难的时候，毛主席的话成为红军战士的精神力量之源泉。毛主席教导我们说："这个军队具有一往无前的精神，它要压倒一切敌人，而不被敌人所屈服。""我赞成这样的口号，叫作一不怕苦，二不怕死。""一切反动派都是纸老虎。"本来敌人是真老虎，就是被我们强大的精神力量吓成了纸老虎。

> 在电视剧《亮剑》中，战士们最大的快乐就是有仗可打，而打仗是要死人的，死亡是一个人面临的最大压力。为什么没有战士被战斗吓成抑郁症呢？为什么面对凶猛的杀手，战士们还勇往直前呢？没有仗打反而导致战士们闷闷不乐呢？因为战士们练就出来了亮剑精神。
>
> 古代剑客们在与对手狭路相逢时，无论对手有多么强大，就算对方是天下第一剑客，明知不敌，也要亮出自己的宝剑，即使倒在对手的剑下，也虽败犹荣，这就是亮剑精神。一只具有优良传统的部队，往往具有培养英雄的土壤，英雄或是优秀军人的出现，往往是由集体形式出现，而不是由个体形式出现，理由很简单，他们受到同样传统的影响，养成了同样的性格和气质。
>
> 任何一支部队都有自己的传统，传统是什么？传统是一种性格，是一种气质，这种传统和性格，是这支部队组建时，由首任军事首长的性格和气质决定的，他给这支部队注入了灵魂，从此，不管是岁月流失，还是人员更迭，这支部队的灵魂永在。这就是我们的军魂！
>
> 李云龙说："我们进行了22年的武装斗争，从弱小逐渐走

向强大，我们靠的是什么？我们靠的就是这种军魂，我们靠的就是我们军队，广大指战员的战斗意志，纵然是敌众我寡，纵然是身陷重围，但是，我们敢于亮剑，我们敢于战斗到最后一人。一句话，狭路相逢勇者胜。亮剑精神，是我们国家军队的军魂。剑锋所指，所向披靡。"

如果在现代企业中，我们用亮剑精神来鼓舞员工的士气，用毛主席的教导来升华员工的智慧，就会减少组织中"公子小姐"的习气，让组织产生攻无不克，战无不胜的斗志。

一个人解压会使自己变得脆弱，从而失去个人的地位；一个团队解压会使团队变得脆弱，从而失去团队的竞争力；企业解压，则会使企业变得脆弱；从而导致破产、变卖自己的资产；军队解压，则军队会变得脆弱，遇到战争就会成为败军流寇；国家解压，则国家变得脆弱，会丧权辱国；民族解压，则整个民族变得脆弱，这个民族将会消亡。

习近平主席说："中华优秀传统文化，已经成为中华民族的基因。"我们的祖先在教化其子孙后代的时候，不是解压，而是扛压。

孟子在《告子下》中说："故天将降大任于斯人也，必先苦其心志，劳其筋骨，饿其体肤，空乏其身，行拂乱其所为，所以动心忍性，曾益其所不能，……然后知生于忧患，而死于安乐也。"

《道德经》第78章说："受国之垢，是谓社稷主。受国不祥，是为天下王。"能够承受全国人民的污秽与侮辱之人，才称得上国家的主人翁。能够承受全国灾难的重担，才称得上天下之王。

《易经》说："天行健，君子以自强不息；地势坤，君子以厚德载物。"日月经天运行不止，君子要学习它，做到自强不息。地势深厚重实，君子要学习它，应有宽厚的品德胸怀承载和包容万物。

《中庸》说:"天之生物,必因其材而笃焉。栽者培之,倾者覆之。故大德者必受命。"天地生育万物,必然根据它自己的特质而使得其得到强化。根基深的,就让它更深,将要倒伏的就让它倒伏。只有那些德行深厚的人,才可以承担天命。

不经逆境不成熟,不在绝境不醒悟,不到尽头不明输,不受打击不知辱。智慧是一把剑,问题和困难是磨刀石。所以要不畏艰难险阻,知难而进,就可以达到"宝剑锋从磨砺出,梅花香自苦寒来"。没有艰难困苦,不能玉汝于成。

牢记《弟子规》的忠告:"勿自暴,勿自弃,圣与贤,可驯致。"一把宝剑是经过千锤百炼才打造出来的。

幸福就是可循环

习近平在中共中央政治局第四十一次集体学习时强调,推动形成绿色发展方式和生活方式是贯彻新发展理念的必然要求,为人民群众创造良好生产生活环境。人类发展活动必须尊重自然、顺应自然、保护自然,否则就会遭到大自然的报复。这个规律谁也无法抗拒。人因自然而生,人与自然是一种共生关系,对自然的伤害最终会伤及人类自身。

现在人们工作都很辛苦。为了发展组织采用了考绩,牺牲了人的心理和生理健康,却导致不能与大自然和谐共存。

"辛苦"的"辛"字,上面的一点是歪的,表示不正。也就是心态不正,念不正,态度不端正,价值观不正确,没有正气。如果把这一点摆正,就叫作端正态度,摆正心态。人把现在做的事情当作自己的天命,自己来到这个世界,就是来干这个事情的。正如孔子所说的："君子有三畏：畏天命、畏大人、畏圣人之言。"人想过得幸福，要下定决定，把心一横，也就是把"辛"字立起来的点上再加一横，这个字就念幸了，从此就会走上幸福和幸运。幸字上面是个土字，下面是人民币的符号，表示辛苦地在土地上耕耘，挣点钱。挣到了钱，买什么才是幸福呢？福字的写法是，左边如同衣服，右边是一口田。买衣服穿，买口饭吃，种好自己的一亩三分地。在田地上继续耕耘，挣点钱，再买衣服穿，买口饭吃，再种好自己的一亩三分地。如此循环下去就叫作幸福了。

所以，幸福理解为可循环。

饥渴难熬的时候，有水喝就是幸福。但是人经常会饥渴，饥渴时总有水喝，就是幸福。年轻的时候敢吃糖，中年时还敢吃糖，老年了还敢于吃糖，这个人是幸福的，因为其生理机能可循环。年轻的时候可以登香山，老年还可以登香山，就是幸福。因为这个人的四肢和心脏以及头脑都可循环。

如果食物、空气、水、土壤一直可以持续地给人带来放心和健康，那么人就是幸福的。人们幻想满地是金子，满屋都是金子，那个时候就是沙漠化的时候。习主席说："绿水青山就是金山银山。"

地球人现在努力的方向是奔向火星。如果地球人到了火星，再回到地球，那是浪漫的宇宙旅客。如果去了不回来了，那就是悲惨的宇宙难民。就如同今天的地球人，不能待在自己的国家了，逃命流浪到别的国家去苟且偷生，那就是难民。

> 2011年10月20日，统治利比亚42年的卡扎菲被民兵抓获并枪决。民众走上街头，欢庆革命胜利，西方领导人称赞利比亚人民选择了自由、民主，并承诺给予他们支持和帮助。多年后的今天，利比亚流传一个家喻户晓的段子：卡扎菲死后的

利比亚，我们以为会变成迪拜（象征开放、富庶和现代化），没想到变成了索马里。绝大多数人怀念卡扎菲时代，怀念当年他们安全、稳定、富庶的生活。持续的内战使得国家面临分裂的危险。如今的利比亚像一列失控的火车，不可逆转地走向深渊。民众怀念往日的稳定生活，但悔恨已晚。各派争斗倾轧，国家面临分裂危机，石油产量下滑，国民经济濒临崩溃，民众生活举步维艰，人身安全面临威胁。

当年，凭借油气资源带来的丰厚收入，利比亚人民的生活水平在非洲名列前茅。根据利比亚的法律，银行属于国有资产，公民可以获得无息贷款。部分利比亚的石油收入直接划入每个利比亚公民的银行账户。生活用电免费，公民享有免费医疗和免费教育。如果国内教育或者医疗条件不能满足需要，政府会资助公民出国留学或者接受治疗，每个月发放2300美元住宿和交通补贴。国家对粮食、食糖、茶叶等生活必需品实行价格补贴。公民购买汽车，政府补贴车价的50%。如果大学毕业生暂时没有找到工作，政府资助相当于平均工资水平的补贴，直到找到工作为止。当年，利比亚服务行业、工程项目的务工人员基本是外国劳工，城市家庭大多有外国女佣，利比亚本国公民不从事这些行业。

现在，由于通货膨胀，购买力缩水，利比亚民众的基本生活物资都很难保障，教育和医疗资源短缺，失学儿童日益增加，医院缺医少药，病患得不到及时治疗。大学医院里的外国专家都已经撤离。城市供水供电经常中断。电话网络系统经常大面积瘫痪。几十万利比亚人为逃避战乱移居周边国家，沦为难民。武装匪徒团伙充斥城市，绑架、勒索等各类犯罪层出不穷。警察系统几乎瘫痪。不同派别的民兵武装随处设卡，征收过路费

> 和保护费,还不时为争夺地盘大打出手。整个国家陷入无政府状态。

人总是身在福中不知福。这山望着那山高,到了那山没柴烧。疯狂发展的模式:更高更快更强,是不可持续的。平平淡淡才是可持续的,所以叫平平淡淡最是真。放羊娃的志向就是娶媳妇、生娃、放羊,是可持续和可循环的,所以才有悠扬的内蒙古长调激荡着人心。当放羊娃的志向变成了当庄园主,拥有牧场,让别人替自己放羊的时候,就很难会有吸引人们的内蒙古长调了。没有诗情画意的心境就不能做出优美的歌词,没有优美的歌词就不能激起作曲家的灵感,没有优美的歌曲就不能拨动歌唱家的声带,没有动人的歌声就不能激荡听众的心灵。

孔子说:"生乎今世,反古之道:如此者,灾及其身者也。"适度的创新有利于幸福,过度的创新则走向灭亡。符合中庸的需求叫作天理,极端的需求叫作人欲。朱熹忠告说:"存天理,灭人欲。"否则就是灾难。《道德经》说:"开其兑,济其事,终身不救。塞其兑,闭其门,终身不勤。"兑就是兑门,人与外界联系的门户,包括六兑:眼、耳、鼻、舌、身、意,也就是佛家说的六根。六根产生六种欲望:色、声、香、味、触、法。六根清净就是六欲受控在中庸范围内,不过也无不及,而完全没有欲望则不属于世间法,不适合常规的社会人的生活,不能用来教化大众。

一个游轮制造公司的董事长兼总经理说:"我十年的订单都满了,就是企业太小了。"这个董事长如果深刻理解了可循环就是幸福,他现在就是幸福的老板,而且可持续幸福十年。如果他坚信了"更高、更快、更强",他扩大了十倍,十年的订单一年做完了,第二年就是他痛苦的开始,而且雇佣的人越多,他越痛苦,因为他占用了太多的资源而不产出，则不符合"敬天爱人"的经营哲学，并因此而承受因果。

自己的国家可以呆，到别人国家那里去看看再回来，叫作客人。到别人那里去了不回来，叫作移民。如果自己的国家不能呆了，逃离国家到了别人那里不回来，叫作难民。地球人正在研发出航天器，载人到火星上去。去了还回来，叫作宇宙客人。如果为了逃离地球的灾难而去，不回来了，就是宇宙难民。如果没有"可循环就是幸福"的理念，地球人用"更高、更快、更强"来占用地球的资源，人类将会用自己的智慧把自己变成宇宙难民。

每个人的良好心态和生理可循环就是幸福，每个地方的生态可循环就是幸福，整个国家的人民安居乐业可循环就是幸福。所以必须要遵循习主席的讲话精神："推动形成绿色发展方式和生活方式，像保护眼睛一样保护生态环境，像对待生命一样对待生态环境，坚决摒弃损害甚至破坏生态环境的发展模式，坚决摒弃以牺牲生态环境换取一时一地经济增长的做法，让中华大地天更蓝、山更绿、水更清、环境更优美。"让我们的绿水青山可持续地循环下去，世世代代地生活在美丽的地球上，这就是阳光心态要达到的状态。

附录 A 《亲情如水》歌词

常回去给家人看看
带着阳光心态回家看看
把快乐送给爸爸和妈妈
把幸福送给妈妈和爸爸
亲情如水孝字为先
手足之情悌字相连
亲朋相聚亲情为大
快快乐乐活在当下
大美之水润物不言
全家团圆幸福连连
阳光心态霞光万照
心有阳光和美无边
阳光心态洒人间
无边荒漠变福田
上善若水润万物
朵朵金莲开心间

附录 B 一个监狱囚犯的来信

尊敬的吴教授：

我是您曾经的学员，亲耳聆听过你关于阳光心态的教诲。曾经的我是叱咤商海的私企老板，如今我是监狱的一名服刑罪犯。我因在没有金融许可的情况下，集资开办借贷中介业务，非法集资 1.1 亿元被捕。我因犯非法吸纳公众存款罪被判处有期徒刑九年。现在我已经在监狱服刑改造五年多了。

突如其来的经营风险让我承受了灭顶之灾，葬送了苦心经营 15 年的事业，直到自己走进监狱，事业归零。在我生命历程中最暗淡的时段，阳光心态让我找到了心灵的慰藉，从黎明的一缕曙光，从警官的一句鼓励，一个信任的眼神与问候，不知不觉中我又找回了往日的自信。我认为真正的自信并非只是顺境时的那种战无不胜的心态，而是遇到挫折乃至失败时的一种勇者的气概，我虽然被打倒，但没有人能够阻止我重新站起来。我的内心又涌动着久违的澎湃，我重新拥有了乐观、阳光、豁达而又平和的心境。拥有了这样的心境，每天我都很坦然，每个晚上我都能安然入睡，更没有感到在监狱中服刑，而是始终生活在自己的心境中。

一路走来，我满心都是莫名的感动。对亲情的感动，对友情的感动，对支持的感动，对生命的感动。这种由衷的感动使我感受到满眼都是良辰佳景。有如此的阳光心态，我怎能不在残酷的现实面前舞出一段生命中最极致的豪情与壮美呢？随着风花雪月、陈年过往缓缓逝去，梦里依稀全是感动与不舍，仿佛走出监狱回归亲人就是明天的事，这令我昂扬，促我奋发。

这段艰辛的岁月在别人看来是苦难，是蹉跎。但仔细品味，我反而觉得它是一种凤凰涅槃，一种对潜能的激发，使得我增强了奋发的动力，内心前所未有的充实，充实到没有时间去想不如意，没有时间去失落，更没有时间去抱怨，心底一片澄清。在五载春夏秋冬的轮回中，我体味着酸甜苦辣，也积累了别样的人生经历所带给我的精神财富，在疗伤与品读中，在这段特殊时期里，我也收获了脱胎换骨的成长与进步。我经受住了岁月的洗礼，在挑战中用非凡的毅力完成了心灵的自我救赎，用愉悦的心情接受岁月的磨砺。虽然增添了沧桑，但我少了惆怅与迷茫，多了淡定与坚强。在坚韧与坚持中，我的内心有了一份难得的安然。这份茫然过后的安然，让我心静如水，心智逐渐理性成熟。我坚信无论是灾难临头还是失去自由，只要能坚强地活着，就是生活对我的最大馈赠。当我懂得珍惜平凡的幸福时，我就已经成了人生的赢家。只要我有足够的勇气沉淀越来越豁达的阳光心态，我想不管在哪个环境、哪个角落，我都可以面朝大海，时刻都能够感受到春暖花开。他乡为囚的每个日子，每一个季节，我都以微笑迎接，以微笑包容，以微笑送别，以微笑纪念和珍藏。无论是顺境还是逆境，我都会痛并快乐着，绽放笑脸，慰藉所有关怀我的亲人和朋友。

在我生命中最快乐和最低沉的日子里，感恩阳光心态始终与我温暖相伴，让我再次感到生命的暖意，这足以消融过往的所有苦涩。在我的生命历程中经历过最痛苦的挣扎，我愈加懂得珍惜与感恩，倍加感受到自由与支持的珍贵，学会享受生命中的每一个日子，每一个时刻，重新体验生命的蓬勃。我坚信再草根的生命也能绽放绚丽的色彩，愿生命在绝地绽放！

我常说监狱是所无人报考的"大学"，能够毕业的都是强者，我愿在这所"大学"中磨练自己的耐力，这种耐力的考验令我在未来的生命历程中，面对任何艰难困苦，都会无所畏惧，笑看花开花落，云卷云舒。我仰头不是骄傲，是要看清自己的天空。低头不是认输，是要看清自己走过的路。在磨砺中让自己成为真正的强者，做到"万人艳慕时心如止水，无人理睬时坚定执着"。我没有传奇，但我有非凡的毅力与顽强的斗志，我会用乐观、豁达的阳光心态继续书写自己的人生故事，愿阳光心态、坚强与耐力助我跨越一切心障，风雨兼程地走在回家的路上……

在外人看来监狱是"人间地狱"，非常可怕。其实现在的监狱，虽然管理非常严格、规范，但是非常人性化，吃住条件都很好，我们九监区是全监狱的窗口单位，负责新收押罪犯的集训。由于我改造表现突出且心态阳光，有幸成为集训老师，协助警察对新入狱的服刑犯人进行三个月的集训，强化他们的身份意识及入监教育，同时带领他们参加劳动改造。在几年的集训老师生涯中，我释放正能量，用阳光心态感召了一批又一批迷途囚子，使他们与我一样心态阳光地走上改造之路，不再谷底挖坑，迅速适应监狱的改造生活。作为阳光心态的传播者，每当看到一批又一批集训期满，带着阳光心态到各自不同监区去服刑改造的同伴，心中荡漾着许多的不舍与感恩，而且我最想告诉你的是，你的阳光心态讲座已经成为我们入监教育的一堂重要的课程，通过光盘，大家一遍遍地聆听着您的讲座。您的讲座有如久旱遇甘霖、他乡遇故知般的亲切，启迪着大家的心灵。您能想到吗？您的阳光心态，激励着全社会各个层次，各个角落的人，尤其是高墙内被人遗忘的囚子们，更能感受到阳光心态的无限价值。

几年的监狱改造生活，没有让我觉得是生命历程中的一大耻辱，我把这个历程看作是让苦难芬芳、破茧化蝶的蜕变，在这个蜕变的过程中，我从未颓废，从未懈怠，更没有沉沦。即便我是个罪犯，我也要做一个优秀的罪犯，哪怕是我败得遍体鳞伤、惨不忍睹，我仍然无畏地绽放阳光的笑脸。因为有您给予我的阳光心态，在我人生中最深的夜，点亮了我心中最亮的灯，这盏灯一直照亮我回家的路！

真正的强者不是没有眼泪的人，而是含着眼泪奔跑的人。感恩监区领导及警官对我的信任和肯定。由于我表现突出，监区把"狱级改造积极分子"和"省级改造积极分子"两项荣誉全给了我，同时我已经获得两次减刑的机会，共获得了一年零九个月的减刑奖励，明年初还能够获得一次减刑奖励，大约明年4月份，我就走出监狱回归社会了。

我的人生经历可以成为您教学中的一个案例吧？再次感恩您的阳光心态，在我人生最低谷时所给予我的温暖助力！

您的学员

参考文献

[1] 颜世富. 成功心理训练 [M]. 上海：上海三联书店，2001.

[2] 孙奎贞. 领导者的智商与情商 [M]. 北京：华文出版社，1999.

[3] 尚志胜. 心灵密码——神经语言成功学 [M]. 北京：企业管理出版社，1999.

[4] 吴维库. 情商与影响力 [M]. 北京：机械工业出版社，2005.

[5] 邹德金.《菜根谭》的智慧 [M]. 北京：石油工业出版社，2005.

[6] 苏·奈特. 激发潜能：NLP 成功法则 [M]. 朱莉琪，译. 北京：机械工业出版社，2001.

[7] 苏·奈特. 再造自我：NLP 商务解决方案 [M]. 孙艳，李剑铎，译. 北京：机械工业出版社，2001.

[8] 奥格·曼迪诺. 世界上最伟大的推销员 [M]. 北京：世界知识出版社，2004.

[9] Goleman D. Emotional Intelligence [M]. New York: Bantam Books, 1995.

[10] Sylver M. Passion, Profit, Power [M]. New York: Simon & Schuster, 1995.

[11] COVEY S R. The 7 Habits of Highly Effective People[M]. New York：Free Press，1989.

[12] Fred Luthans, Carolyn M Youssef, Bruce J Avolio. 心理资本 [M]. 李超平，译. 北京：中国轻工业出版社，2008.

[13] 吴维库. 带着阳光心态 走向阳光未来 [J]. 刊授党校，2011(11)：57-59.

[14] 吴维库，关鑫，胡伟科. 领导情绪智力水平与领导绩效关系的实证研究 [J]. 科学与科学技术管理，2011(8)：173-179.

[15] 吴维库. 基于领导力缔造的三层次和谐研究 [J]. 中国地质大学学报，2010(1)：99-103.

[16] 埃克哈特·托利. 当下的力量 [M]. 曹植，译. 北京：中信出版社，2007.

[17] 张建卫. 成功与幸福：企业家均衡发展的理论与实践 [M]. 北京：北京师范大学出版社，2010.

抑郁 & 焦虑

《拥抱你的抑郁情绪：自我疗愈的九大正念技巧(原书第2版)》
作者：[美] 柯克·D. 斯特罗萨尔 帕特里夏·J. 罗宾逊 译者：徐守森 宗焱 祝卓宏 等

美国行为和认知疗法协会推荐图书
两位作者均为拥有近30年抑郁康复工作经验的国际知名专家

《走出抑郁症：一个抑郁症患者的成功自救》
作者：王宇

本书从曾经的患者及现在的心理咨询师两个身份与角度撰写，希望能够给绝望中的你一点希望，给无助的你一点力量，能做到这一点是我最大的欣慰。

《抑郁症(原书第2版)》
作者：[美] 阿伦·贝克 布拉德 A. 奥尔福德 译者：杨芳 等

40多年前，阿伦·贝克这本开创性的《抑郁症》第一版问世，首次从临床、心理学、理论和实证研究、治疗等各个角度，全面而深刻地总结了抑郁症。时隔40多年后本书首度更新再版，除了保留第一版中仍然适用的各种理论，更增强了关于认知障碍和认知治疗的内容。

《重塑大脑回路：如何借助神经科学走出抑郁症》
作者：[美] 亚历克斯·科布 译者：周涛

神经科学家亚历克斯·科布在本书中通俗易懂地讲解了大脑如何导致抑郁症，并提供了大量简单有效的生活实用方法，帮助受抑郁困扰的读者改善情绪，重新找回生活的美好和活力。本书基于新近的神经科学研究，提供了许多简单的技巧，你可以每天"重新连接"自己的大脑，创建一种更快乐、更健康的良性循环。

《重新认识焦虑：从新情绪科学到焦虑治疗新方法》
作者：[美] 约瑟夫·勒杜 译者：张晶 刘睿哲

焦虑到底从何而来？是否有更好的心理疗法来缓解焦虑？世界知名脑科学家约瑟夫·勒杜带我们重新认识焦虑情绪。诺贝尔奖得主坎德尔推荐，荣获美国心理学会威廉·詹姆斯图书奖。

更多>>>

《焦虑的智慧：担忧和侵入式思维如何帮助我们疗愈》 作者：[美] 谢丽尔·保罗
《丘吉尔的黑狗：抑郁症以及人类深层心理现象的分析》 作者：[英] 安东尼·斯托尔
《抑郁是因为我想太多吗：元认知疗法自助手册》 作者：[丹] 皮亚·卡列森

积极人生

《大脑幸福密码：脑科学新知带给我们平静、自信、满足》
作者：[美] 里克·汉森 译者：杨宁 等

里克·汉森博士融合脑神经科学、积极心理学与进化生物学的跨界研究和实证表明：你所关注的东西便是你大脑的塑造者。如果你持续地让思维驻留于一些好的、积极的事件和体验，比如开心的感觉、身体上的愉悦、良好的品质等，那么久而久之，你的大脑就会被塑造成既坚定有力、复原力强，又积极乐观的大脑。

《理解人性》
作者：[奥] 阿尔弗雷德·阿德勒 译者：王俊兰

"自我启发之父"阿德勒逝世80周年焕新完整译本，名家导读。阿德勒给焦虑都市人的13堂人性课，不论你处在什么年龄，什么阶段，人性科学都是一门必修课，理解人性能使我们得到更好、更成熟的心理发展。

《盔甲骑士：为自己出征》
作者：[美] 罗伯特·费希尔 译者：温旻

从前有一位骑士，身披闪耀的盔甲，随时准备去铲除作恶多端的恶龙，拯救遇难的美丽少女……但久而久之，某天骑士蓦然惊觉生锈的盔甲已成为自我的累赘。从此，骑士开始了解脱盔甲，寻找自我的征程。

《成为更好的自己：许燕人格心理学30讲》
作者：许燕

北京师范大学心理学部许燕教授30年人格研究精华提炼，破译人格密码。心理学通识课，自我成长方法论。认识自我，了解自我，理解他人，塑造健康人格，展示人格力量，获得更佳成就。

《寻找内在的自我：马斯洛谈幸福》
作者：[美] 亚伯拉罕·马斯洛 等 译者：张登浩

豆瓣评分8.6，110个豆列推荐；人本主义心理学先驱马斯洛生前唯一未出版作品；重新认识幸福，支持儿童成长，促进亲密感，感受挚爱的存在。

更多>>>
《抗逆力养成指南：如何突破逆境，成为更强大的自己》 作者：[美] 阿尔·西伯特
《理解生活》 作者：[美] 阿尔弗雷德·阿德勒
《学会幸福：人生的10个基本问题》 作者：陈赛 主编